Ren Hurst

Die heilende Kraft der Pferde

Mein Weg zu Vertrauen,
Hingabe und bedingungsloser Liebe

Aus dem Amerikanischen von
Astrid Ogbeiwi

Brandheiße Infos finden Sie regelmäßig auf:
www.facebook.com/AMRAVerlag

Besuchen Sie uns im Internet:
www.AmraVerlag.de

Amerikanische Originalausgabe:
Riding on the Power of Others.
A Horseman's Path to Unconditional Love

Deutsche Erstausgabe im AMRA Verlag
Auf der Reitbahn 8, D-63452 Hanau
Hotline: + 49 (0) 61 81 – 18 93 92
Service: Info@AmraVerlag.de

Herausgeber & Lektor	Michael Nagula
Einbandgestaltung	Guter Punkt
Layout & Satz	Birgit Letsch
Fotos im Innenteil	Brandy Setzer & Ren Hurst
Druck	CPI books GmbH

ISBN Printausgabe 978-3-95447-277-2
ISBN eBook 978-3-95447-278-9

Copyright © 2015 by Ren Hurst. All rights reserved.
Copyright © 2019 der deutschen Lizenzausgabe by AMRA
Zum Schutz der Privatsphäre der beteiligten Personen
wurden einige Namen in diesem Buch geändert.

Alle Rechte der Verbreitung vorbehalten, auch durch Funk, Fernsehen
und sonstige Kommunikationsmittel, fotomechanische, digitale
oder vertonte Wiedergabe sowie des auszugsweisen Nachdrucks.
Im Text enthaltene externe Links konnten vom Verlag nur
bis zum Zeitpunkt der Buchveröffentlichung eingesehen werden.
Auf spätere Veränderungen hat der Verlag keinerlei Einfluss.
Eine Haftung des Verlags ist daher ausgeschlossen.

Inhalt

Vorwort ... 7
In Dankbarkeit ... 11

1. Ein Traum in Schwarzweiß ... 15
2. Fancy – So ein Schmerz ... 25
3. Tritt, bis du gewinnst ... 33
4. Die Ranch Lerneviel ... 43
5. Reiten ist nicht pferdegerecht ... 55
6. Pferde-»Wissenschaften« ... 65
7. Die Lektion des Buddha ... 75
8. Seine Seele kann man nicht verkaufen ... 85
9. Kein Gebiss, keine Sporen, keine Hufeisen ... 97
10. Große Hoffnungen ... 109
11. Der Weg offenbart sich ... 117
12. Die Befreiung ... 127
13. Die Todes-Karte ... 135
14. Hellwach ... 147
15. Bedingungslos ... 159
16. Gute Schokolade ... 171
17. Macht & Verantwortung ... 181
18. Ernährungs-Evolution ... 191
19. Pferdegestützte Seelenhilfe ... 203
20. Sanctuary 13 ... 214

Die Autorin ... 221

Für Annie

Und in liebevoller Erinnerung an
Philippe Bertaud,
der meine Seele auf ewig berührt
und mir vergegenwärtigt hat,
dass ein Leben ohne Leidenschaft
und Freude kein Leben ist.

Vorwort

Es ist etwas Wunderbares, ein gutes Buch zu lesen. Ich mag es einfach, wenn eine Geschichte mich mitreißt, wenn ich sie erlebe, als wäre ich eine ihrer Figuren, und wenn ich sie nachempfinden kann, als wäre der Weg dieser Figur mein eigener. Genau dies ist geschehen, als ich *Die heilende Kraft der Pferde* gelesen habe. Ich konnte es nicht aus der Hand legen.

Außerdem hatte ich zufälligerweise das Glück, zum großen Teil mitverfolgen zu können, welch wunderbare Wandlung im Leben der Verfasserin eingetreten ist, während sie dieses Buch geschrieben hat. Ich kann Ihnen sagen, dass sich während des gesamten Prozesses ihr Wille, für andere etwas zu bewirken, nur noch verstärkt hat, weil sie ihre Absicht nun noch klarer und zielsicherer verfolgt. Obwohl Ren und ich uns erst vor wenigen Monaten kennengelernt haben, spürte ich gleich, dass diese Bekanntschaft sich positiv auf mein Leben auswirken würde. Bei der Lektüre ihres Manuskripts hat sich dieses Gefühl noch vertieft. Ich bin überzeugt, Sie werden feststellen, dass es auch auf Ihr Leben eine ganz ähnliche Auswirkung hat.

Einige meiner Lieblingsbücher sind genauso geschrieben wie dieses hier. Es sind Geschichten über persönliches Wachstum, erzählt von Menschen, die die Bereitschaft und den Mut besitzen, ihr Leben vor aller Augen zu ändern, selbst wenn dies unangenehme Aufmerksamkeit mit sich bringt. Ich lese sehr gerne Schriftsteller, die sich danach sehnen, innerlich zu wachsen, ungeachtet aller »Stock und Stein«-Momente, die sie dabei überstehen müssen. Das kurze Unbehagen, das durch die negativen Meinungen anderer möglicherweise ausgelöst wird, auszuhalten ist allemal besser, als die Chance zu verpassen, die echte Veränderung mit sich bringt. Dennoch müssen wir alle selbst entscheiden, ob wir dieses Risiko eingehen wollen, und entweder wir vollziehen die Veränderung oder nicht. Beide Möglichkeiten haben vorhersehbare Folgen – wählen Sie weise.

Ren erkannte ihre erlernten Überzeugungen und ging sie mit Mitgefühl sowie der Bereitschaft an, auch andere Meinungen gelten zu lassen. Wie allen großen Denkern war auch ihr klar, dass es nicht darum geht, ob andere »recht« oder »unrecht« haben, sondern darum, die eigene Wahrheit zu finden. Gerade so wie es Mut erfordert, etwas im Leben zu verändern, braucht es auch Mumm, ein solches Buch zu lesen. Es ist gut möglich, dass dieses Buch einige Ihrer solidesten Überzeugungen in ihren Grundfesten erschüttert.

Ren überprüfte nicht nur ihr Denken, sondern sie fing auch an, ihrer Intuition und ihren Einsichten in neue Möglichkeiten für ihren Lebensweg zu vertrauen und zu folgen, selbst wenn dadurch alles in Frage gestellt wurde, was ihr bisher heilig gewesen war. Damit will ich nicht sagen, dass dies ein einfacher Prozess war oder ist (für Ren war es eindeutig nicht so, wie Sie noch entdecken werden). Doch gerade diese Erkenntnisse und diese Bereitschaft, alles zu hinterfragen, was wir für gesichertes Wissen halten, stoßen die Tür zu einem größeren Leben auf. Wenn unsere Weltanschauung sich ändert, funktionieren viele gewohnte Denkmuster einfach nicht mehr. Ganz gleich, wie lange die Menschheit an einer bestimmten Überzeugung festgehalten haben mag, wenn die Zeit zur Veränderung gekommen ist, ist jeder Widerstand zwecklos. Den Mut zu haben, bis zum Äußersten zu gehen und seine Überzeugungen zu erweitern – oder sie endgültig loszulassen –, darum geht es in Rens Geschichte.

Vielleicht finden Sie auf diesen Seiten Gelegenheit zur Veränderung. Sie sind eingeladen, nicht nur Ihre erlernten Überzeugungen zu erkennen, sondern auch festzustellen, ob das, was Sie gelernt haben, Ihnen heute noch entspricht. Wenn nicht, dann fangen Sie gleich an, Neues zu lernen.

Es ist nicht die Absicht der Verfasserin, jemandem das Gefühl zu vermitteln, er habe etwas »falsch« gemacht, weil er sein Leben so lebt wie bisher. Vielmehr will sie uns ermutigen herauszufinden, wie das Leben sein könnte, wenn wir Veränderungen begrüßten und Antworten auf immer größere Fragen sowie Möglichkeiten suchten, größer zu sein und zu werden – nicht nur im Verhältnis zu uns selbst, sondern zu allen Lebewesen, mit denen wir hier auf Erden verbunden sind.

Bitte denken Sie bei der Lektüre dieses Buches oder überhaupt bei jedem Prozess, den Sie im Leben durchlaufen, daran, mit den Augen der Liebe und des Mitgefühls zu sehen. Seien Sie bereit, das Urteilen, das zu Verachtung führt und niemandem dient, loszulassen. Die Folgen des Urteilens sind vorhersehbar, schmerzlich und zwecklos. Entscheiden Sie sich einfach immer wieder für die Liebe. Dies ist die höchste Wahl, die ein Wesen treffen kann. Wenn ich dieses Buch mit einem Zitat zusammenfassen müsste, dann vielleicht mit dem folgenden, das Jimi Hendrix zugeschrieben wird: »Wenn die Macht der Liebe die Liebe zur Macht übersteigt, erst dann wird die Welt endlich wissen, was Frieden heißt.« Ren lädt uns ein, die Macht der Liebe statt die Liebe zur Macht anzunehmen. Ihre Beziehung zu Pferden hat ihr die heilende Kraft und das wahre Potenzial bedingungsloser Liebe gezeigt. Viele dieser Pferde helfen ihr heute bei ihrer Heilarbeit nicht nur für andere Pferde, sondern auch für Menschen.

Es ist inzwischen eine meiner liebsten Tätigkeiten, den Tag auf Rens Gnadenhof zu verbringen. Die bedingungslose Liebe, die ich dort finde, heitert mich auf. Jetzt, da ich ihr Buch gelesen habe und verstehe, welchen Weg sie auf sich genommen hat, um die Liebe zu finden, die schon immer in ihr war, weiß ich sie nur umso mehr zu schätzen.

Nun sind Sie an der Reihe. Ich hoffe, dass ihr Buch Sie genauso tief berührt, wie es mich berührt hat.

In Liebe

J. R. Westen

zertifizierter Suchtberater

J. R. Westen ist geschäftsführender Direktor der *Conversations with God*-Stiftung in Ashland, Oregon. Außerdem ist er Kuratoriumsmitglied der Stiftung *New World Sanctuary*.

In Dankbarkeit

Obwohl es vorab lebenslanger Erfahrung bedurft hat, wurde dieses Buch doch innerhalb von nicht einmal neunzig Tagen geschrieben und von einem Verlag angenommen. Wenn in meinem Leben so etwas geschieht, habe ich nicht den geringsten Zweifel, dass ich selbst damit nur sehr wenig zu tun habe. Dies ist zwar vielleicht meine persönliche Geschichte, doch ihre Botschaft gilt für uns alle, und in tiefster Dankbarkeit verneige ich mich insbesondere vor den Pferden – dafür, dass sie Glück, Bequemlichkeit und sogar ihr Leben für alte Freuden und für etwas geopfert haben, was, wie ich inzwischen hoffe, unsere Evolution werden wird.

Diese Geschichte wäre nicht möglich ohne die Lektionen aus meiner Kindheit oder die unerschütterliche Unterstützung durch meine Familie. Auch wenn sie an meiner geistigen Gesundheit zweifeln, hat mich doch nie jemand von der Verwirklichung meiner Träume abhalten wollen. Dafür, und auch dafür, dass sie mich zu der starken, resilienten Frau gemacht haben, die ich heute bin, danke ich ihnen unendlich. An alle Freunde und früheren Kunden zu Hause in Texas, die sich mit einer Unmenge unbequemer Veränderungen arrangiert haben: Dieser Dank geht auch an euch.

Die Arbeit an diesem Buch war – insbesondere, wenn man bedenkt, wie lange ich sie hinausgezögert und vor mir hergeschoben habe – zuweilen ein überwältigendes Unterfangen. Ein riesiges Dankeschön möchte ich Sas Petherick sagen, die mich von Anfang bis Ende gecoacht hat; außerdem Brenda Peck und Diane »Kleiner Saturn Großer Baum« Saturnino, die unterdessen jedes Wort gelesen und mir aus ihrem großen, bedingungslosen Herzen sofort Unterstützung zugesprochen und Feedback gegeben haben; darüber hinaus Jackie Scott, der mir ein absoluter Engel und Freund war, als ich ihn am meisten brauchte.

Es macht mich sprachlos, wie schnell und leicht es gehen kann, ein Buch zu schreiben und zu veröffentlichen, wenn alles stimmt. Mit großer Bescheidenheit und Wertschätzung danke ich dem Team bei Vegan Publishers für ihr Interesse an meiner Geschichte und dafür, dass ich in einem derart großen Rahmen Pferden eine Stimme geben darf. Für mich erfüllt sich damit ein Traum, und Sie haben es mir absolut leicht gemacht. Danke allen, die mir dabei sehr wertvolles und großzügiges Feedback gegeben haben. Ein ganz besonderes Dankeschön an Sie, J. R. Westen, für Ihr Vorwort zu diesem Buch, für Ihre Anregung, meinem Werk tatsächlich die Zügel schießen zu lassen, und dafür, dass Sie an mich geglaubt haben.

Danke allen von früher und heute, die sich die Zeit genommen haben, mich in der Pferdepflege auszubilden, mich an ihrem Wissen teilhaben zu lassen und meinen Horizont in vieler Hinsicht zu erweitern. Ich bin sehr dankbar für jeden Menschen, dem ich auf diesem Weg begegnet bin, sowie für alles, was sie zu dieser erstaunlichen Reise und meinem persönlichen Wachstum beigetragen haben.

An Alexander und Lydia Nevzorov – ich bin euch auf ewig dankbar für euren Einfluss auf mich und die Pferde, die ich liebe. Euer unerschütterlicher Einsatz für das, was ihr als wahr erkannt habt, hat das Bild der Welt von Pferden und von der

Beziehung zwischen Pferd und Mensch stark beeinflusst. Ich werde immer mit ganzer Kraft für die Pferde-Revolution eintreten, mit großem Respekt für alles, was Ihr geleistet habt. Dieser Dank muss auch meine liebe Freundin Stormy May einschließen, durch deren wunderbaren Dokumentarfilm *Der Weg des Pferdes* ich von den Nevzorovs erfahren habe. Danke euch allen dafür, dass ihr den Weg geebnet habt.

Nichts hat mich im Leben positiver beeinflusst als meine Zeit auf der High-Hope-Ranch und die förderlichen Verbindungen, die ich dort aufgebaut habe. Ihr heiliger Boden, die geschützte Umgebung, in der ich lernen durfte, und die Geborgenheit durch das Wissen, dass ich hier zu Hause bin, haben mein Denken und Empfinden in einer Art und Weise erweitert, wie ich es mir nie hätte vorstellen können, und dies mit einer Geschwindigkeit, die manche als bemerkenswert bezeichnen würden. An Krystyna, Chandler und Dharma – ihr habt mein Leben verändert und die Inspiration zu alledem gegeben, was ich bin und noch werde. Ich liebe euch und bleibe euch in tiefster Dankbarkeit verbunden.

Dank schließlich der Frau, die mein Herz der bedingungslosen Liebe geöffnet hat – meiner ersten wahren Partnerin im Leben, meiner allerbesten Freundin Brandy Setzer. Nur durch dich habe ich mich gefunden. Du hast mich mit der wahrsten Liebe, mit der innigsten Freundschaft zwischen zwei Menschen gesegnet; und dies zuzulassen, hat mir über alle Grenzen hinweg Mut gegeben. Ohne deine unerschütterliche Unterstützung wäre nichts von alledem möglich gewesen. Danke, dass du mich als die liebst, die ich bin, auch wenn es nicht einfach ist. Ich werde dich bis in alle Ewigkeit ganz genauso lieben.

Ren Hurst

EINS

Ein Traum in Schwarzweiß

»Ein Pferd ist die Projektion der Träume der Menschen von sich selbst – stark, mächtig, schön –, und es besitzt die Fähigkeit, uns einen Ausweg aus unserem Alltagsdasein zu eröffnen.«
Pam Brown

» Schon seine bloße Anwesenheit ließ die Zeit stillstehen. Als er aus der Dunkelheit trat, schlugen mir die Stärke und die Kraft seiner schieren Essenz in Wellen entgegen. Jedes einzelne Haar an meinem Körper stellte sich auf. Mein Herz pochte. Alle Stimmen verschwanden, und an ihre Stelle trat die Konzentration, die sich augenblicklich einstellt, wenn es ums Überleben geht. In seiner Nähe war es, als lebte man in Zeitlupe. Wie die Erde bei jedem Auftreten vom Boden stob. Wie sein Fell noch im fahlsten Licht glänzte. Wie stolz er seine Mähne fliegen ließ und den Kopf hochwarf, als ob sich ihm in diesem Leben kein Hindernis in den Weg stellen könnte, das er nicht mit wildem Mut angehen würde. Er war ein Hengst. Stolz und kühn neigte er den Hals und blähte die Nüstern, als er entschlossen auf mich zukam. Er forderte mich heraus. Ich spiegelte ihm seine Sprache, und mit bis zum Hals pochendem Herzen nahm ich seine Einladung an …

Der Traum endete mit Herzrasen. Nur selten erhalte ich im Schlaf klare Botschaften, doch ich war mir einfach sicher, dass dieser Traum ein Versprechen war, dass ich bekommen würde, was ich mir verzweifelt wünschte – ein Pferd, das zusammen mit mir in der Weiterentwicklung des respektvollen Umgangs mit dem Pferd Schlagzeilen machen würde. Ich war bereit, meine Fähigkeiten und meine Erfahrung als Pferdeausbilderin auf die Ebene zu heben, von der ich mir immer schon vorgestellt hatte, dass ich sie erreichen könnte; und ich hatte das Gefühl, ein schwarzweißer Hengst für meine Stute würde mich dorthin bringen. Seit Wochen sah ich mich in Gestüten nach dem perfekten Pferd um, das meine Stute Velvet decken könnte. Schließlich hatte ich mich für ein beeindruckendes schwarzweißes National Show Horse entschieden, ein auffälliger Schecke, eine Kreuzung zwischen Araber und American Saddlebred mit 1,78 Metern Stockmaß. Ich stellte mir vor, mein Traum sei ein erster Hinweis auf das künftige Hengstfohlen und ein sicheres Anzeichen dafür, dass Velvet ein Hengstfohlen für mich entbinden würde, aber auf das, was mir tatsächlich bevorstand, war ich nicht vorbereitet.

Immer noch ein wenig erschüttert und mit nicht ganz wachen Augen setzte ich mich an meinen Computer, um die morgendlichen eMails durchzusehen. Die erste Nachricht in meinem Posteingang kam von einer meiner Hufpflege-Kundinnen und hatte einen Anhang: ein Foto von einem schwarzweißen Hengst, der dringend meine Hilfe brauchte. Damals konnte ich es noch nicht begreifen, aber soeben war die Karte »Der Tod« zu meinen Gunsten gezogen worden. (Fortsetzung in Kapitel 13.) **》**

*M*ein erstes Pferd war eine halbgelungene Überraschung von meiner Mutter zu meinem zwölften Geburtstag. Ich trat aus der Tür unseres Hauses in einem sehr bürgerlichen Wohngebiet und entdeckte im Vorgarten ein junges Fuchsfohlen, das gesattelt und mit den Zügeln an einen Baum gebunden war.

Katy Bug war ein dreijähriges, als Rennpferd gezüchtetes Quarter-Horse-Fohlen und als Erstpferd für ein unerfahrenes Mädchen wahrscheinlich die denkbar schlechteste Wahl. Entgegen ihrer Behauptung verstanden meine einzigen Reit-Mentoren überhaupt nichts von Pferden, daher war dies auf jeden Fall eine Zeitlang eine interessante Partnerschaft. Katy hatte lauter Rennsieger in ihren Zuchtpapieren, und bis heute verstehe ich nicht – und will auch gar nicht wissen –, wie meine Mutter sie für mich hatte kaufen können. Ich wusste, dass sie in den richtigen Händen eine Menge Geld wert war, doch vorerst war ich einfach glücklich, dass sie in den falschen gelandet war.

Ich bin in einer Mittelschicht-Familie aufgewachsen, die sehr zu kämpfen hatte. Ich war ein kluges Kind, und es fiel mir leicht, in der Schule gute Noten zu schreiben. Auch in Musik und Sport war ich gut, doch es fehlte mir an Selbstvertrauen, um in beidem mein Potenzial auch nur annähernd auszuschöpfen. Liebe gab es bei uns zu Hause in einer sehr verqueren Form. Es gab freundliche Worte und Berührungen, aber häufig waren sie von einer sehr viel dunkleren und schmerzhafteren Wirklichkeit überschattet. Doch wir hatten immer Tiere, und solange ich denken kann, waren sie mein seelischer Jungbrunnen. Ich eignete mir unendlich viel Wissen über Tiere an und könnte Ihnen die Rasse jedes Hundes sowie Familie, Gattung und Art der meisten Säugetiere auf Erden nennen. Wölfe und Großkatzen waren meine Lieblingstiere, und ich hatte große Träume von mir als Biologin und Wildtier-Retterin, die draußen in der Wildnis lebt, weit weg von den einzigen Tieren, die ich nicht ausstehen konnte – den Menschen. In meiner gesamten Kindheit gab es ein breites Spektrum milder Formen des Missbrauchs, darunter Gewalt, sexuelles Fehlverhalten, eine hässliche Scheidung mit einem Kampf ums Sorgerecht, in dessen Verlauf ich vorübergehend bei einer Pflegefamilie untergebracht war, um nur einige wenige Beispiele zu nennen. Ich war ein verzogenes Gör mit wenig Struktur, das sich kaum einmal sicher, geborgen oder verstanden fühlte. Bis ich fünfzehn war, wohnte ich bei meiner Mutter und meinem Stiefvater; meinen Vater sah ich, wenn überhaupt, nur jedes zweite Wochenende. Alle drei Elternteile haben nach ihrem besten Wissen gehandelt, und als ich älter war und sah, wie sie aufgewachsen und erzogen worden waren, lernte ich, dankbar für meine Erfahrungen zu sein, so schwierig sie auch waren. Doch bis dahin war ich ein durch und durch zorniges junges Mädchen, das mit seiner gesamten Umwelt im Krieg lag.

Im Alter von fünf Jahren war ich von älteren Kindern, denen ich vertraut hatte, belästigt und sexuellen Situationen mit anderen Kindern ausgesetzt worden. Ich hatte keine Ahnung, dass ich dabei missbraucht wurde, und setzte mein Verhalten jahrelang fort. Dies führte dazu, dass ich lange Jahre eine ungesunde Beziehung zu und ein verqueres Verständnis von Sex und Nähe sowie tiefe Scham- und Schuldgefühle hatte, die mich bis ins Erwachsenenalter hinein begleitet haben. Außerdem resultierte es darin, dass ich im Alter von vierzehn Jahren ohne Gewaltanwendung vergewaltigt wurde.

Ich erinnere mich an keine Zeit in meiner Kindheit, in der Auseinandersetzungen nicht die Lösung der Wahl für jedes Problem gewesen wären. Verbal oder körperlich – durch Beobachten meiner Umgebung lernte ich, meine Probleme so zu lösen. Wegen häuslichen Streits war die Polizei regelmäßiger Gast bei uns zu Hause, und mehr als einmal habe ich gesehen, wie in Notwehr eine Pistole gezogen und auf jemanden gerichtet wurde. Mir wurde auch selbst beigebracht, wie man mit Waffen umgeht, und ich fühlte mich damit recht wohl, obwohl mein älterer Bruder mir einmal aus Versehen ins Gesicht geschossen hatte, als ich bei meiner Oma auf dem Sofa lag und im Fernsehen *My Little Pony* anschaute. Ich wurde notoperiert, um die kleine Kugel, die unter meinem Oberkiefer feststeckte, zu entfernen, und ich kann mich noch recht gut daran erinnern, wie es klang, als die chirurgischen Metall-Instrumente gegen meinen kleinen Schädel schlugen. Der Arzt sagte uns, wenn die Kugel nur zwei Zentimeter höher eingedrungen wäre, hätte ich umkommen können. Dies war die erste von vielen Narben, die noch folgen sollten.

Mit Krankenhäusern kannte ich mich aus. Genau wie meine Mutter wurde ich wegen diverser Krankheiten und Operationen ständig eingeliefert und wieder entlassen. Zweimal fasste ich den Mut, es mit Sport zu versuchen, und beide Male brach ich mir noch am selben Tag den Arm. Das erste Mal war im Alter von zehn Jahren – ein komplexer Mehrfachbruch meines rechten Arms an dem Tag, an dem ich mich im Fußballverein anmelden sollte. Das zweite Mal war in der siebten Klasse beim Probetraining für die Basketball-Mannschaft. Einen Tag nach dem Testspiel erschien ich mit einem roten Gips bis zur Mitte meines Unterarms, nur um zu erfahren, dass ich es zur Aufbauspielerin in der Ersten Mannschaft gebracht hatte ... zum begehrtesten Platz in der besten Mannschaft. Ich verbrachte die Saison hauptsächlich auf der Bank, und mein Selbstvertrauen auf dem Spielfeld rauschte in den Keller. Und um das Ganze noch schlimmer zu machen, starb meine Mutter kurz danach vor meinen Augen an den Folgen eines epileptischen Grand-Mal-Anfalls. Ich wählte den Notruf, und die Sanitäter konnten sie wiederbeleben, doch durch den Sauerstoffmangel waren ihr Sprech- und Denkvermögen bereits beeinträchtigt worden. Am Ende wurde sie wieder vollständig gesund, doch es war eine sehr schwierige Zeit für mich, und ich weiß noch, dass mich damals Vieles sehr durcheinander gebracht hat. Zum einen waren die Sanitäter anscheinend, gelinde gesagt, sauer, dass sie an jenem Tag zu uns nach Hause kommen mussten, und es gab etliche Erwachsene, darunter auch mein Basketball-Trainer, die auf mich zukamen und fragten, ob ich nicht eine Zeitlang bei ihnen wohnen wollte. Damals hatte ich keine Ahnung, warum jemand so etwas fragen sollte, und es machte mir Angst.

Mit dreizehn war ich nicht mehr zu bändigen, und meine Eltern wurden kaum noch mit mir fertig. Ich tat, was ich wollte, mit wem ich es wollte, und nutzte Manipulation und Einschüchterung, um mich durchzusetzen. Von den Erwachsenen in meinem Leben und von ihrer Art, mich bei ihren persönlichen Auseinandersetzungen sehr oft gegeneinander auszuspielen, hatte ich viel über Manipulation gelernt. Für meine Mutter bestand die Lösung praktisch darin, sich jeder meiner Launen zu beugen. Ich hatte null Respekt vor ihr und meinem Stiefvater, und wenn mir gedroht wurde, drohte ich zurück. Wenn körperliche Gewalt im Raum stand oder gegen mich gerichtet wurde, spannte ich alle Muskeln an und sagte »nur zu«. Depressionen und Wut kannte ich bald allzu gut, und Pferde waren die lindernde Droge

meiner Wahl. Ich hatte das große Glück, von guten Freunden und ihren Familien umgeben zu sein, hauptsächlich deshalb, weil meine mit Leichtigkeit erworbenen guten Schulnoten mich in einen Kreis brachten, der einen guten Einfluss auf mich ausübte, auch wenn dieser Kreis klein war.

Die traurigen Geschichten und Herausforderungen meiner Kindheit sind nicht das Thema dieses Buches, aber ich finde, es ist wichtig, Ihnen kurze Einblicke in meine frühe Entwicklung zu geben, damit Sie besser verstehen können, wohin mein Weg mit den Pferden mich geführt und wo er begonnen hat. Wie Sie sehen, habe ich nicht davon geträumt, schöne Pferde zu umhegen und mich in sie zu verlieben, wie dies viele junge Mädchen tun. Ich habe in ihnen einfach eine Möglichkeit gesehen, den oftmals entsetzlichen Umständen meines Lebens rasch zu entkommen.

Wenn Sie auch nur die geringste Ahnung von Pferden haben, dann wissen Sie bestimmt, dass ein dreijähriges ungerittenes Fohlen und ein zwölfjähriges zorniges Mädchen für die erste Begegnung zwischen Mensch und Pferd nicht gerade eine geeignete Kombination sind. Ich hatte keinen Schimmer, wie ich Katy Bug dazu bringen sollte, dass sie auf mich hört, und ich hatte null Interesse, ihr zuzuhören. Ich wollte einfach nur reiten. Ich wollte den schlechten Karten entkommen, die mir zugeteilt worden waren und auf Katy Bugs Rennpferdbeinen so schnell abhauen, wie sie mich nur tragen konnten. Ein Problem war, dass ich sie kaum einmal dazu bringen konnte, dahin zu reiten, wo ich wollte, noch viel weniger in dem von mir gewünschten – oder befohlenen – Tempo. Diese Zeit war sehr frustrierend. Endlich hatte ich mein Pferd, aber ich konnte nicht viel mit ihm anfangen, und ich hatte kaum Hilfe. Meine geniale Lösung war, im Stall einen Eimer mit Süßfutter zu füllen und dann mit Katy ans hinterste Ende des Geländes zu gehen, das wir für sie gepachtet hatten.

Dort angelangt, sprang ich auf, schlug ihr mit einer Gerte auf den Hintern und klammerte mich dann gut fest, während mir vor lauter Tempo und weil mir die Luft ins Gesicht schnitt, die Tränen übers Gesicht liefen. Dermaßen schnell war sie. So musste sich Freiheit anfühlen, und ich war sofort süchtig danach.

Mein Leben als Reiterin sah eine ganze Zeitlang im Grunde genau so aus, durchsetzt mit vielen weiteren gescheiterten Versuchen, hier und da etwas sinnvoller vorzugehen. Ob Sie es glauben oder nicht, bei alledem hat Katy tatsächlich begonnen, ein bisschen besser auf mich zu hören, und, noch unglaublicher, dieses Pferd hat mir nicht ein einziges Mal weh getan.

Zum ersten Mal in meinem Leben verspürte ich weder Angst noch Wut. Bei den verrückten Stunts, die ich vollführte, um den Wind in meinem Gesicht zu spüren, hätte ich hundert Mal und mehr draufgehen können, aber sie hat auf Schritt und Tritt auf mich aufgepasst, und ich wusste, ich brauchte keine Angst vor ihr zu haben. So wenig Ahnung, wie ich damals hatte, will ich gar nicht wissen, wie oft und wie sehr ich ihr weh getan habe, doch die Liebe, die ich für sie empfand, und was wir zusammen erlebt haben, muss ihr etwas bedeutet haben – etwas, wodurch sie trotz meines abgrundtiefen Unwissens und der körperlichen Schmerzen, die sie durch mich erleiden musste, auf mich aufpassen konnte. Liebe ist immer stärker als der Schmerz, selbst wenn sie tief unter einem Haufen Mist vergraben ist.

ZWEI

Fancy – So ein Schmerz

»Schau zurück auf unser Ringen um Freiheit, geh unserer heutigen Kraft auf den Grund, und sieh, dass des Menschen Weg zur Größe auf den Knochen des Pferdes ruht.«
Verfasser unbekannt

>> Da saß ich nun, voller blauer Flecken und Schnitte, und die Tränen schossen mir aus den Augen. Ich dachte, du machtest dir etwas aus mir, doch wenn es um deine Bedürfnisse ging, dann erging es mir bei dir genau wie bei allen anderen: Am Ende landete ich auf dem Arsch im Dreck. Ich hasste dieses Leben. Es war von Grund auf ungerecht. Ich weiß noch, wie ich in der sechsten Klasse einmal mit ein paar anderen Kindern Handlesen gespielt habe. In dem Spiel sollte ermittelt werden,

in welchem Alter man sterben würde. In meiner Hand stand wohl, dass ich mit einundzwanzig sterben würde. Ich weiß noch, dass ich dachte: »Gott sei Dank, dann muss ich das alles zumindest nicht mehr allzu lang mitmachen.« Dann hörte ich, dass deine Hufe auf mich zu stapften und dein verzweifeltes Wiehern mich rief. Ich hielt den Atem an, und die Tränen versiegten. Du kamst zu mir zurückgerannt und schautest dich verzweifelt um. Konnte das sein?

Hattest du wirklich gerade deinen Eimer Futter und deinen Kumpel im Stall stehen gelassen, um nach mir zu suchen? Stimmt, du hattest mich eigentlich überhaupt nicht abgeworfen; ich hatte einfach nur das Tempo und die Entfernung für den Sprung falsch eingeschätzt und konnte mich nicht gut genug festhalten. Allerdings war es wesentlich leichter, dir die Schuld zuzuschieben. Doch du bist zurückgekommen und wirktest verzweifelt und besorgt.

Nein, das packe ich nicht. In meiner Brust spürte ich ein Brennen. Es tat immer noch viel zu weh zum Aufstehen, daher klaubte ich ein paar Steine um mich herum zusammen. Ich warf sie nach dir und schrie dich an, du solltest bloß abhauen und mich in Ruhe lassen. Dabei liefen mir Tränen über meine glühend roten Wangen. Doch du bist nicht abgehauen, Fancy. Im Zickzack bist du um mich herumgelaufen und hast mich gedrängt, wieder auf die Beine zu kommen. Ich verweigerte. Du hast gewartet.

Ich konnte nicht glauben, dass du zurückgekommen bist, und ich konnte es auch nicht annehmen. Doch du hattest mir einen ersten Eindruck vermittelt, wozu Pferde fähig sind, und das konnte ich nicht vergessen. Der Schmerz und die Wut in mir waren aber zu groß, als dass ich es hätte an mich heranlassen können. Stattdessen habe ich damals beschlossen, dass es wohl sicherer wäre, wenn ich so etwas nicht erlebte. Ich stand auf, und schweigend gingen wir zurück zum Stall, Seite an Seite, doch ohne Interaktion zwischen uns. Liebe konnte ich nicht annehmen. Das war einfach zu viel. »

*I*rgendwann war ich echt frustriert über meine Versuche, Katy dazu zu bringen, dass sie auf mich hört, und wollte mehr. Mir war langweilig geworden, und ich wollte auf dem Rücken meines Pferdes Entscheidungen treffen können. Außerdem wollte ich mit jemandem zusammen reiten können, aber ich hatte keine Freundinnen mit Pferden, daher wünschte ich mir ein zweites Pferd, das meine Freundinnen reiten könnten. Ich überzeugte meine Mutter, dass ich ein weiteres Pferd bräuchte, und so kam Fancy zu uns. Für ein Mädchen wie mich wäre Fancy das perfekte Erstpferd gewesen. Sie war klein, nur etwa 130 cm Schulterhöhe, um die sieben Jahre alt und zuvor von einem Mädchen ausgebildet worden, das nicht viel älter war als ich. Fancy und ich waren eine erstaunliche Kombination. Sie versuchte alles, was ich von ihr verlangte, und ohne einen blassen Schimmer von Pferdeausbildung konnte ich ihr beibringen zu springen und mich ohne Sattel absolut überallhin zu tragen, wo ich wollte. Zum ersten Mal verspürte ich außerhalb meiner Komfortzone Selbstvertrauen; und dass kleine Jungs auf ihren Fahrrädern mir nachpfiffen, wenn ich ohne Sattel auf meinem Pony über alte Landstraßen ritt, tat meinem Selbstwertgefühl auch nicht gerade einen Abbruch. Leider führt diese Art der Aufmerksamkeit nicht zu echtem Selbstvertrauen, sondern eher auf einen erheblich dunkleren Pfad, besonders für ein Kind wie mich.

Ich war knallhart. Ich kämpfte mit Jungs, bis sie eine blutige Nase hatten. Ich spielte genauso gut Fußball wie jeder Junge, den ich kannte. Ich hing mit Jungs ab, die wesentlich älter waren als ich, und lernte Dinge, die ich in meinem zarten Alter nicht zu wissen brauchte. Ich war immer noch so zornig, und damals waren die Pferde für mich immer noch ein Ventil der Liebe, wie ich sie kannte, der Freiheit und der Flucht. Liebe bedeutete für mich, sich in Gegenwart eines anderen wohl zu fühlen, weiter reichte mein Verständnis damals nicht. So lieb Fancy auch zu mir war, eine Sehnsucht gab es noch, die zu erfüllen ich ihr nicht beibringen konnte – volles Tempo zu laufen und dabei das Gefühl zu haben, dass der Wind mich ihr vom Rücken reißen will. Sie war nicht annähernd so schnell wie Katy Bug, doch Futter – insbesondere wenn es mit Melassesirup angereichert ist – ist für ein Pferd eine sehr starke Motivationskraft. Diese Technik nutzte ich nach wie vor, um meine Adrenalindosis zu kriegen; doch mit Fancy war das sogar noch kühner und gewagter. Von der hintersten Ecke des Geländes aus, wohin ich Katy für unsere verrückten Ritte immer führte, hatten die Mädels einen ganz bestimmten Pfad ausgetreten. Direkt neben diesem Trampelpfad befand sich ein großer Felsbrocken, auf dem ich stehen konnte; und wenn ich pfiff, galoppierten die Mädels auf dem Pfad los in Richtung Stall, wo sie ihr Futter bekamen. Mitten in ihrem Lauf sprang ich dann in die Luft und landete auf Fancys Rücken, wo ich wie wildgeworden kicherte, bis wir am Stall angelangt waren. Was für ein Rausch!

Eines Tages – ging mein Plan nicht ganz auf. Ich pfiff, die Pferde liefen, ich sprang – und die Pferde rannten weiter, während ich mit dem Hintern voran hart auf dem steinigen Boden unter mir landete. Ich saß auf dem Boden und brüllte – nicht vor Schmerz, obwohl es sehr weh tat, sondern weil mein Stolz schwer angeschlagen und ich, wie üblich, stinksauer war. Die Mädels waren längst weg, wahrscheinlich standen sie im Stall und stopften sich mit Zucker voll. Die Tränen kullerten mir über die Wangen, und mein Gesicht brannte vor Frust – da hörte ich

ein sehr ungewöhnliches Geräusch. Es war ein Wiehern, aber ein gestresstes, als stimmte irgendetwas ganz und gar nicht. Plötzlich kam Fancy den Pfad entlanggeprescht; unruhig auf der Suche nach etwas lief sie das ganze Gelände ab. Dann entdeckte sie mich, schrie lauter und lief direkt auf mich zu. Sofort wurde mir klar, dass sie wegen mir zurückgekommen war. Fast spürte ich die Liebe dieses Pferdes, als ich begriff, dass sie ihre Begleiterin und ihre Hauptmotivation im Leben, ihr Futter, stehen gelassen hatte, um zurückzukommen und mich zu holen – fast spürte ich sie. Unter heftigem Schluchzen klaubte ich Steine auf und warf sie nach ihr. Dabei brüllte ich sie an, sie solle weggehen. Sie verweigerte. Sie ließ mich nicht allein, im vollen Bewusstsein dessen, dass Katy sich im Stall wahrscheinlich gerade über beide Futtereimer hermachte. Schließlich stand ich auf und stapfte zurück zum Stall, mit mehr Wut auf die ganze Welt im Bauch als wohl je zuvor und ohne zu merken, dass mir gerade der erste echte Einblick in bedingungslose Liebe geschenkt worden war – und ich konnte noch nicht einmal zulassen, dass ich sie spürte.

Unsere Beziehung war von da an nicht mehr dieselbe. Zuhause war mein Leben sehr chaotisch geworden. Was Fancy mir gezeigt hatte, tat zu weh, als dass ich damit hätte umgehen können, und außerdem hatte ich einen menschlichen Freund, dem ich meine Aufmerksamkeit widmen wollte. Ich hatte eine Mauer um mich hochgezogen, und die sollte nicht so bald wieder einstürzen. Geld wurde in diesem Alter etwas scheinbar sehr Wichtiges, und ich erkannte, dass Fancy wegen meiner Erfolge mit ihr wahrscheinlich inzwischen sehr viel mehr wert war, als wir für sie bezahlt hatten. Mein Entschluss stand fest: Ich würde versuchen, sie zu verkaufen. Ich stellte sie in eine Online-Börse ein und hatte sehr schnell eine Kaufinteressentin aus North Carolina. Alles ging sehr schnell. Ich war mächtig stolz auf mich, weil ich so ein großes Geschäft eingefädelt hatte, noch dazu online, und weil ich für jemand meines Alters einen ordentlichen Reibach machte. Das einzige Problem war – die Frau, die Fancy erworben hatte, schickte mir ein paar Tage, nachdem sie per Spedition nach North Carolina gebracht worden war, eine wütende eMail, in der sie einen Teil des Kaufpreises zurückforderte. Sie behauptete, Fancy sei eher dreißig Jahre alt (was absolut nicht stimmte), sie sei eine Kopperin und habe bereits ihren neuen Stall zerstört. Ich wusste nicht, was das hieß, insbesondere, da wir sie auf einer offenen Weide gehalten und keinerlei Probleme oder sonst irgendetwas bei ihr festgestellt hatten, was Anlass zur Sorge gäbe. Außerdem sagte sie, Fancy sei krank, was auf der Reise in ihr neues Zuhause eingetreten sein musste, wenn es denn überhaupt stimmte. Ich versuchte, die Situation zu bereinigen, so gut es mein junger Verstand damals vermochte, aber ich hatte das Geld bereits für mein erstes Auto ausgegeben. Als ich der Frau mein Alter verriet (sie hatte sich auf ein Online-Geschäft mit einer Fünfzehnjährigen aus einem anderen Bundesstaat eingelassen und dabei unbesehen ein Pferd gekauft), rastete sie aus. Am Tag darauf erhielt ich eine eMail, in der es hieß, ein Futtermittelhersteller sei bereits unterwegs, um die schreckliche Kreatur, die ich ihr verkauft hätte, abzuholen. Dann hörte ich nie wieder etwas von der Frau.

Etwas in mir zerbrach, aber irgendwie wurden die Mauern, die ich bereits um mich herum hochgezogen hatte, nur noch höher und dicker und stärker als je zuvor. Ich drückte den Schmerz ganz tief nach unten und traf unbewusst die Entscheidung, Pferde als Wirtschaftsgut und nicht als etwas Persönliches zu betrachten. Damit war der Boden bereitet für die Geschichte, die Sie gleich lesen werden. Jahre später recherchierte ich Fancys Papiere – sie war nie von meinem Namen auf eine andere Eigentümerin überschrieben worden.

DREI

Tritt, bis du gewinnst

»Vögel und Pferde sind auch deshalb glücklich, weil sie nicht versuchen, andere Vögel und Pferde zu beeindrucken.«

Dale Carnegie

» Ich liebte dich im Dunkel der Nacht, wenn kritische Augen es nicht sehen konnten. Nach Feierabend, wenn die Arbeit getan war und am Himmel die Sterne funkelten, kletterte ich von dem Zaun aus, bei dem du dein Heu fraßt, auf deinen ungesattelten Rücken und drehte mich verkehrt herum, sodass ich meine Füße über deinem schweißgetränkten Widerrist verschränken und meinen Kopf auf dein weiches, glattes Hinterteil legen konnte. Meist war ich nach wenigen Minuten fest eingeschlafen.

Ich habe es nie jemandem gesagt, aber dies war meine liebste Zeit mit dir. Eigentlich war ich immer glücklich, bei dir zu sein, sobald wir allein waren; doch als ich innerlich wuchs und lernte, war mir Reiten nicht mehr das Liebste. Etwas zerrte an meinem Herzen, etwas, das mein Verständnis überstieg und bei den Stimmen in meiner Umgebung keine Unterstützung fand. Niemand sprach über dieses Flüstern, das ich mir nicht erklären konnte, und so blieb es unerhört, obwohl ich es bei dir spürte.

Jahre später lernte ich ein wenig mehr und erkannte, wie sehr ich dich im Stich gelassen hatte. Ich war nicht stark genug, um dem ins Auge zu sehen. Ich war nicht stark genug, um besser zu dir zu sein oder um meine Arme um dich zu schlingen und dir zu sagen, wie sehr ich innerlich gewachsen war, sodass ich dich lieben konnte, und dass du mir das Leben gerettet hattest. Daher tat ich das Beste, was ich damals konnte. Ich verkaufte dich an ein anderes kleines Mädchen, bei dem ich ganz sicher war, dass sie dich lieben würde, und ich versuchte mein Bestes, alles weiterzugeben, was ich gelernt hatte, damit sie besser zu dir sein konnte, als ich es war. Ich habe dich in jeder Hinsicht im Stich gelassen, und ich habe es lange Zeit noch nicht einmal gewusst. Es tut mir sehr leid, Katy Bug. Ich habe nie wieder einen anderen Fuchs in mein Herz gelassen, und zwar wegen dir. «

*B*ald nachdem Fancy weg war, trat in meinem Leben eine große Wende ein. Im Alter von fünfzehn Jahren zog ich plötzlich zu meinem Vater und verließ die Welt meiner Mutter. Kurzzeitig bedeutete dies, dass ich auch Katy Bug verließ. Zum ersten Mal lernte ich zu Hause eine Welt mit Struktur, Verantwortung und finanzieller Stabilität kennen. Außerdem wurde ich in Gestalt strenger Regeln und Verantwortlichkeiten mit der Realität konfrontiert. Mein Vater war gut zu mir, aber er war auch sehr streng, und wir stritten uns praktisch um jede Kleinigkeit.

Ich wollte unbedingt mein Pferd wiederhaben. So sehr ich meinen Vater auch liebte und respektierte, derart viel gemeinsame Zeit war für mich Neuland und alles andere als einfach. Wenn ich in seiner Welt der Regeln und Leistungsanforderungen überleben sollte, dann musste ich reiten und die sein können, die ich war. Wie es das Schicksal wollte, hatte er damals eine Beziehung zu einer Frau, deren Eltern professionelle Pferdeausbilder gewesen waren. Sie waren Tonnenreiter und Meister im Kälberfangen. Ich war begeistert. Sie hatten eine kleine Ranch, etwa eine halbe Autostunde von uns entfernt. Dort konnte ich Katy einstellen und erhielt meine ersten richtigen Reitstunden; inzwischen hatte ich auch meinen Führerschein, daher passte alles perfekt.

Der Aufbau ihrer Ranch gefiel mir sehr. Er war mustergültig. Alles hatte seinen Platz. Es gab viele Regeln und neue Verantwortlichkeiten, die ich lernen musste. Sie zögerten, mich und meine mittlerweile siebenjährige Stute für unsere ersten Lektionen als Partner anzunehmen. Damals galt allgemein, dass man älteren Pferden, insbesondere Stuten, nichts mehr beibringen könnte. Dies war nur eine von sehr, sehr vielen Ideen, bei denen mir die Pferde im Laufe der Jahre bewiesen haben, dass sie völlig falsch sind. Als sie Katy testeten, um zu sehen, wie geeignet sie wäre, waren sie beeindruckt von ihrem Intellekt und ihrer Auffassungsgabe. Also fingen wir an.

Sie brachten mir bei, wie man sie richtig sattelt, wie man die Hufe reinigt und wie man sie zum Baden in einen Waschstall bringt. Sie hatten eine sehr schöne Reithalle, und meine beiden ersten großen Lektionen waren, sie am Boden zu longieren und auf ihrem Rücken einen Trab auszusitzen. Ich hasste es – und damit meine ich wirklich blanken Hass –, ihnen dabei zuzusehen, wie sie sie für diese Aufgaben vorbereiteten. Sie war ein temperamentvolles Pferd, und ich saß still da und sagte keinen

Ton, wenn sie ihr mithilfe einer Führkette beibrachten, im vorgegebenen Kreis ihrer Longierleine zu bleiben. Dann gaben sie mir den Strick in die Hand und brachten mir bei, auf die richtige Art ruckartig daran zu ziehen, sodass er knallte und die Kette gegen ihre Nase schlug, wenn sie nicht gehorchte; und während dabei jedes Mal ein Teil von mir starb, gab es doch auch einen dunkleren Teil, der es genoss. Einerseits war es schrecklich, jemandem weh zu tun, den ich liebte, oder dabei zuzusehen, wenn ihr wehgetan wurde, und zugleich fühlte es sich gut an, dem Schmerz in mir ein Ventil zu geben. Noch besser war, dass mein Ventil sogar die Zustimmung meiner Ältesten fand. Es gefiel mir, dass ich Katy ausnahmsweise einmal dazu bringen konnte, auf mich zu hören. Es erforderte nicht mehr als einen kleinen Ruck an einer Kette über ihrer Nase, und schon tat sie, was ich wollte.

Als die Beziehung meines Vaters zur Tochter dieses Ehepaares und meine Beziehung zur ganzen Familie enger wurde, lernte ich, diese Menschen zu respektieren und ihrer Führung blind zu vertrauen. Wer war ich, diese Dinge in Frage zu stellen? Ich verstand überhaupt nichts von Pferden und meine Familie ebenso wenig, und sie waren preisgekrönte Pferdeausbilder, die in der gesamten Szene für ihr reiterliches Können geachtet und anerkannt waren. Dennoch werde ich den Tag nie vergessen, an dem der Mann Katy vorbereitete, damit sie ernsthaft mit mir auf dem Reitplatz arbeiten konnte. Seit wir sie gekauft hatten, hatte sie keinerlei formelle Ausbildung erhalten. Wenn überhaupt, dann hatte ich sie mit meiner Methode, sie zum »Fliegen ohne Flügel« zu bringen, nur schlechter gemacht. Sie wurde bockig, wenn ihr eine derartige Struktur aufgezwungen wurde (da kannte ich noch jemanden), und er brach über sie herein wie ein Vorschlaghammer. Ich schaute zu, wie sie in Richtung Reithallenwand rannte, und ich sah, wie er die Spaltlederzügel nahm und sie ihr buchstäblich ins Gesicht schlug, bis sie sich ergab und tat, was er verlangte. Ich sah, wie sie die Augen verdrehte. Ich sah die Angst. Ich sah, wie ein Teil von ihr zerbrach. Ich sah auch die Wut in seinen Augen, als es geschah. Doch jetzt hatte ich ein Pferd, das ich so reiten konnte, dass ich vielleicht eine Zukunft mit Pferden hätte, in der Preisschleifen, eine Karriere und echte Erfolge winkten. Außerdem hatte ich ein äußeres Ventil für den inneren Schmerz, der so sehr in mir tobte. Noch besser, es war nicht nur abgesegnet, wenn ich ihn an ihr ausließ, sobald sie nicht gehorchte – ich wurde dafür sogar noch gelobt.

Jeden Tag fuhr ich nach der Schule zu ihnen hinaus und erhielt viele Reitstunden. Sobald sie mir die Techniken beigebracht hatten, den Trab auszusitzen, Katys Nase in Vorbereitung für die Vorführung und korrekte Wendungen in der Mitte des Reitplatzes zu senken und meinen Zügel sanft an die entgegengesetzte Seite ihres Halses zu legen, um sie in die Wendungen zu drücken, blieb es mir überlassen, ob und wann ich aufkreuzte, die Arbeit machte und mein Pferd auf die erste Show vorbereitete. Das einzige Problem war, dass mir das keinen Spaß mehr machte – und Katy auch nicht. Jetzt war es Arbeit. Die Freiheit, die Freude, die Spannung, was wohl als Nächstes geschieht, alles war weg. Ich war ihnen so unglaublich dankbar dafür, dass sie mir gezeigt hatten, wie ich sie selbstständig satteln und mich um ihre Bedürfnisse kümmern konnte und insbesondere, wie ich richtig reiten und mich im Einklang mit ihrem Körper bewegen konnte, sodass wir uns wie eins fühlten. Dies war wirklich ein großes Geschenk, aber ich war immer noch ein gebrochenes Kind. Freiheit und Flucht vor meinen Gedanken, darauf war ich aus.

Ich fing an, mit einem Roman aufzukreuzen. Ich tat so als ob, führte Katy auf den Reitplatz, saß auf und schlug über dem

Sattelhorn mein Buch auf. Inzwischen hatte ich sie ziemlich gut im Griff, daher trabten wir einfach unsere vorgegebene Strecke ab, ich las und sang ihr etwas vor und wir genossen unsere Reitstunde. Das heißt, bis sie mitbekamen, was ich da machte. Ich konnte es nicht begreifen, aber alle waren enttäuscht von mir. Ich hatte ihnen ihre ganze Zeit und Mühe gestohlen, nur um faul zu sein, hieß es sinngemäß. Um das Ganze noch schlimmer zu machen, führte ich Katy eines Tages, als die Sehnsucht nach dem Wind in meinem Gesicht übermächtig geworden war, ans hinterste Ende des Reitplatzes und richtete sie zum Tor hin aus. Dann stieg ich auf und ließ ihr die Zügel schießen. Mit Lichtgeschwindigkeit rasten wir aufs Tor zu, und zum ersten Mal seit unseren Abenteuern, als wir über die alte Weide auf den Futtereimer im Stall zugefetzt waren, trat wieder dasselbe Lächeln in mein Gesicht. Zu meinem Entsetzen kamen alle mit geweiteten Augen und unter wildem Geschrei aus dem Haus gerannt. Ich wurde von meinem Pferd gerissen und angebrüllt, wie ich nur so etwas Verantwortungsloses und Gefährliches anstellen konnte, ich sollte es ja nie wieder tun. Ich war ratlos. Alle waren enttäuscht von mir. Mein Pferd tat endlich, was ich wollte, und es sah ganz so aus, als könnte ich es damit zu etwas bringen, aber durch den inneren Konflikt, den ich aufgrund des äußeren Feedbacks auf allen Ebenen verspürte, war ich vollkommen durcheinander.

Es war klar, dass mir die Arbeit auf dem Reitplatz keinen Spaß mehr machte, und alle, die mir geholfen hatten, waren ratlos. Sie kamen zu dem Schluss, dass ich faul sei und es in der Welt der Pferde zu nichts bringen würde, wenn ich so weitermachte. Sie fingen an zu sticheln, weil ich Trost darin fand, auf Katys Rücken zu klettern, wenn sie ohne Sattel- und Zaumzeug auf ihrer Koppel stand, und dort einzuschlafen. Sie glaubten nicht mehr, dass ich es

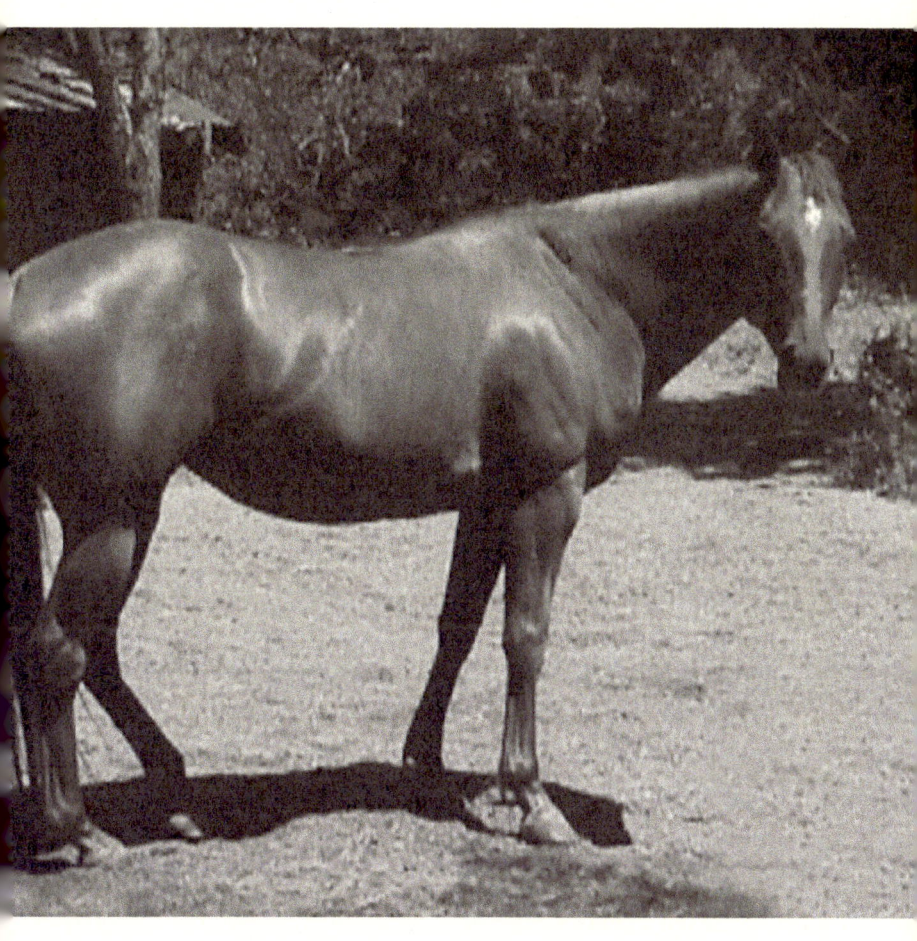

ernst meinte mit dem Reitenlernen und der Pferdeausbildung, und sie waren es leid, ihre Zeit für mich zu verschwenden. Ich beschloss, ihnen zu beweisen, dass sie Unrecht hatten.

Bisher musste ich Katy stets zu Fuß durch das Tor zur Reithalle führen, weil sie sich weigerte, durchs Tor zu gehen, wenn ich auf ihrem Rücken saß. Damals wäre mir nie in den Sinn gekommen, dass dies bedeuten könnte, dass sie hasste, was sie jenseits dieses Tores erwartete. Man sagte mir, wenn ich bei ihr nicht die Oberhand gewinnen und in diesem Kampf siegen würde, würde ich es mit Pferden nie sonderlich weit bringen. Es hieß, ich solle treten, treten und immer weiter treten, bis ich gewonnen hätte. Wenn ich nur immer weiter träte, würde am Ende einer von uns beiden nachgeben, und das musste sie sein; andernfalls würde Katy immer Schindluder mit mir treiben, und ich wäre nicht in der Lage, sie oder ein anderes Pferd zu irgendetwas zu bewegen. Als wir also an jenem Nachmittag aufs Tor zuhielten und sie wieder stehen blieb, fing ich an zu treten. Ich trat und trat und trat. Ich trat, bis meine Beine Pudding waren. Ich trat, bis die Sonne unterging – wortwörtlich. Und nach einer scheinbaren Ewigkeit mit einem stinksauren Pferd unter mir, gab Katy nach und bewegte sich durchs Tor. Schweißgebadet traten wir beide ins Licht der Scheinwerfer und in den Sand, der vor uns lag. Ich belohnte sie mit endlosem Lob und Tätscheln, und in meinem Gesicht stand ein breites Lächeln. Ich konnte kaum gehen, doch als ich ins Haus stolperte, um allen zu erzählen, was gerade geschehen war – dass ich gerade den GROSSEN KAMPF gewonnen hatte –, strahlte ich vor Stolz, weil ich wusste, dass sie stolz auf mich wären. Und ich hatte recht.

Das Machtgefühl, das meinen Körper durchströmte, als wir den Punkt erreichten, an dem Katy nachgab und ich bekam, was ich wollte, war geradezu berauschend. Ich fühlte mich sehr stark. Zum ersten Mal in meinem Leben hatte ich etwas vollkommen unter Kontrolle. Mein Leben unter Kontrolle zu haben, danach sehnte ich mich mehr als nach allem anderen auf der Welt. Es bedeutete, dass ich nicht so traurig sein und so viel Angst haben musste, weshalb ich ja so zornig war. An jenem Abend lernte ich eine wertvolle Lektion, die mir in den nächsten Jahren noch große Dienste erweisen sollte. Ich wusste bereits, wie man mit dem Verkauf von Pferden Geld verdienen konnte, und an jenem Abend lernte ich, wenn ich länger oder fester treten oder zuschlagen konnte, als das Pferd dagegenhalten wollte, oder einfach ganz allgemein hartnäckiger sein konnte, dann würde ich am Ende gewinnen, und dieses Pferd würde mich nie mehr herausfordern. An jenem Abend lernte ich, Pferde zu brechen, angefangen mit dem einen und einzigen Pferd, in das ich mich verliebt hatte. Damit begann eine neue Liebesaffäre – meine Liebe zu Macht und Kontrolle.

VIER

Die Ranch Lerneviel

»Gewalt ist die letzte Zuflucht des Unfähigen.«
Isaac Asimov

» Ich hatte immer ein Flattern im Bauch, wenn einer der Wallache von der Ranch und ich an den Rand der Felswand kamen, wo der Pfad hinunter zum Fluss führt. Eine leichte Anspannung stieg in mir auf, wenn ich mir entweder den bevorstehenden Kampf oder die Ergebung des Pferdes vorstellte, wenn es schließlich akzeptierte, dass ich das Sagen hatte. Ich habe nie einen Kampf mit einem von ihnen verloren. Katy hatte mich gut auf das Notwendige vorbereitet, doch wenn der Kampf gar nicht erst stattfand, dann war DAS ein sicheres Anzeichen dafür, dass ich gewonnen hatte. Wenn wir an das steil abfallende Stück kamen und das Pferd einfach nur seufzte, ohne zu zögern über den Rand trat und den ersten Abhang des Serpentinenwegs hinunterging, dann wusste ich, dass ich meine Sache gut machte und dass die Pferde jeden, den ich ihnen auf den Rücken setzte, sicher und bereitwillig zum Fluss hinuntertragen würden. Dafür wurde ich schließlich bezahlt.

Eines Nachmittags lief es nicht wie geplant. Du hast gescheut. Du bist gestiegen. Du hast dich herumgeworfen und fingst an, rückwärts zu gehen, geradewegs über den Rand. Ich legte die Zügel an dein Fell und trat so fest ich konnte, um dich wieder nach vorne zu treiben, aber es war zu spät. Du stiegst immer höher, überschlugst dich rückwärts, fielst auf mich, und zusammen rollten wir kopfüber den Abhang hinunter. Du kamst viel schneller wieder zur Besinnung als ich, liefst den Abhang hinauf und um die Ecke. Ganz sicher würdest du mich einfach im Dreck liegen lassen, bis ich mit vor Scham gesenktem Kopf die fast zwei Kilometer zum Stall zurückgetrottet käme, wo du bestimmt schon warten würdest.

Sobald ich wieder atmen konnte, stand ich auf und kroch langsam den Abhang hinauf. Besiegt, schmerzgepeinigt und sehr wütend auf mich und auf dich, weil du mich verlassen hattest, stand ich wie vom Donner gerührt, als ich die Augen hob und sah, dass du oben wartetest. Du warst zurückgekommen. Du warst weggegangen, schon auf dem Heimweg, hast dann deinen Plan geändert und bist zu mir zurückgekommen. Ich hatte dir weh getan. Ich hatte gehässige Sachen gesagt. Ich hatte versucht, dich zu etwas zu zwingen, was du eindeutig nicht wolltest. Doch du bist zurückgekehrt – und hast mich getragen. Warum solltest du so etwas tun, sanfter Paint? Warum solltest du so etwas tun?«

Als mein Abschlussjahr auf der Highschool begann, waren viele Veränderungen im Gange. Inzwischen stellte ich Katy bei der Familie einer Freundin ein, weil mein Vater und die Frau mit den Pferdeausbilder-Eltern sich getrennt hatten. Endlich hatte ich ein Pferd, das ich reiten konnte und das grundsätzlich alles tat, was ich von ihm verlangte; doch angesichts der dramatischen Beziehung zu meinem Freund und dem Versuch, die Sache mit meinem ablehnenden Vater irgendwie auf die Reihe zu kriegen, waren Pferde in den Hintergrund getreten. Ich wusste, dass ich nach der Schule mit Pferden arbeiten wollte, doch seit man befunden hatte, dass ich für die damit verbundene Arbeit letztlich zu faul sei, hatte ich dafür weniger Unterstützung denn je. Ganz zu schweigen davon, dass mein Vater nun, da er keinerlei Verbindungen zur Welt der Pferde mehr hatte, meine Obsession bloß noch für reine Zeit- und Energieverschwendung hielt.

Als ich ins College kam, nahm ich einen Job in einem Pfandleihhaus in unserem Ort an. Der Job als solcher war wirklich interessant und machte mir Spaß, aber ich arbeitete für ein älteres und zuweilen bedrohlicheres Ebenbild meines Vaters. Tatsächlich waren mein Chef und mein Vater gute Freunde. Ich habe in diesem Job viel gelernt, meist auf die harte Tour. Mein Verkaufs- und Verhandlungsgeschick erhielt den letzten Schliff, und meine Selbstsicherheit im Umgang mit der Öffentlichkeit wuchs, da ich zwangsläufig öfter einmal mit Kunden in eine Situation kam, in der ich nicht weglaufen konnte. Ich habe an dieser Arbeitsstelle wirklich sehr wertvolle Fähigkeiten erlernt, doch mehr als einmal waren sie mit Tränen auf meinen Wangen und Abenden voller Verzweiflung zugepflastert. Die Menschen, die am meisten über mein Leben zu bestimmen hatten, konnten mein Gerede über Pferde nicht mehr hören, und man sagte mir wiederholt, von der Arbeit mit Pferden könne ich niemals leben. Sie wollten, dass ich lernte, wie man ein Pfandleihhaus führt, und die Leitung übernähme – doch wenn auf diesem Weg genauso wenig Glück und Zufriedenheit vor mir lägen wie bei meinem Chef, dann nein danke. Ich wollte raus. Ich wollte unbedingt eine Arbeit mit Pferden finden, doch meine Erfahrung beschränkte sich auf kleine Erfolge mit Fancy und Katy.

Ein großartiger Vorteil meines Jobs im Pfandleihhaus war, dass ich die unterschiedlichsten Menschen kennenlernte. Viele Menschen sahen in mir jemanden, dem man gerne seine Aufmerksamkeit widmete, und ich war auch freundlich zu meinen Kollegen. Auf das Risiko, den Chef gründlich zu verärgern, schob mir einer der Aushilfskräfte, der sich mit der Geschäftsleitung bestens verstand, eines Tages einen Zettel mit einem Namen und einer Telefonnummer zu. Er sagte, ich solle den Mann auf dem Zettel anrufen. Unmittelbar vor der Stadt lag eine große Ranch, die jemanden suchte, der die Pferde der Gäste bewegte. Volltreffer!

Ich rief an, und ein paar Tage später stellte ich mich vor, fest entschlossen, die perfekte Gelegenheit beim Schopfe zu packen. Es handelte sich um eine 200 Hektar große Gäste-Ranch, die einem Geschäftsmann aus Dallas gehörte und die er für seine Familie und Besucher unterhielt. Auf der Ranch wurden vier Wallache gehalten, die für unerfahrene Gäste mittlerweile schwer zu reiten waren, weil es niemanden gab, der dafür sorgte, dass sie daran gewöhnt blieben. Dies wäre meine Aufgabe: dafür zu sorgen, dass die Pferde geritten wurden und für Gäste reitbar waren sowie bei Bedarf Wanderritte zu führen. Beim Vorstellungsgespräch wurde ich gebeten, eines der Pferde zu fangen, zu satteln und zu reiten. Lupe war ein 1,62 Meter hohes Ungeheuer von einem Quarter Horse. Noch nie war ich einem solchen Pferd so nahe gekommen. Er roch nach Geld und sah auch so aus – sehr viel mehr Geld, als ich je für ein Pferd ausgeben würde. Es erforderte meine ganze Kraft, einen der schweren Westernsättel der Ranch anzuschleppen und auf seinen

Rücken zu heben – auf einen Rücken, der sich in meiner Augenhöhe befand –, aber ich schaffte es.

Plaudernd ritten der Besitzer und ich ein wenig umher, und ich hatte den Job. Endlich hatte ich meine erste Arbeit mit Pferden als Pflegerin und Führerin von Wanderritten. Vier bis sechs Mal in der Woche kam ich nach dem College vorbei und ritt diese großartigen Tiere auf einem ebenso großartigen Besitz. Ich konnte es kaum glauben, dass ich dafür auch noch ein Gehalt bekam. Ich wurde nicht nur dafür bezahlt, dass ich wunderbare Pferde ritt, sondern auch diese Ranch war einfach unglaublich. Das Haupthaus war ein anderthalb Millionen Dollar teures Blockhaus, und es stand am Rand eines Felsvorsprungs mit Blick über den Brazos. Ein steiler Serpentinenweg verlief hinunter zum Fluss. Ich führte die Pferde diesen Weg hinab und verlor mich stundenlang in einer Gegend, die ich für den Himmel auf Erden hielt. In meinen Tagträumen malte ich mir aus, wie es wohl gewesen wäre, mit so viel Natur um sich herum aufzuwachsen, und ich war dankbar für jede Sekunde, die ich dort verbringen konnte.

Dies war die Zeit in meinem Leben, als meine eigentliche Ausbildung und Erfahrung mit Pferden begann. Was die Pferde und ihre Pflege anbelangte, war ich völlig autonom, und im Laufe des folgenden Jahres lernte ich sehr viel von ihnen. Ihre Mitarbeit unter dem Sattel verbesserte sich dramatisch, und mein Chef war sehr glücklich über meine reiterlichen Fähigkeiten und meine Zuverlässigkeit. Regelmäßig rief er mich am Wochenende an, damit ich Pferde sattelte und für seine Gäste vorbereitete. Anschließend führte ich sie stundenlang über die Ranch und unterhielt mich lebhaft mit ihnen. Dabei wurde ich oft für meine Fähigkeiten zu Pferde sowie auch für meine Persönlichkeit, Leidenschaft und die Art gelobt, wie ich zum Ausdruck brachte, was mir wichtig war und wofür ich mich interessierte. Diese Momente waren in jener Phase meine stärkste Unterstützung, und je weiter sich mein Talent mit den Pferden entwickelte, desto mehr wuchs auch mein Selbstvertrauen.

Ich kann mir nur einen Grund denken, warum ich mich im Hinblick auf mein Geschick mit Pferden von anderen abhob: Ich hatte keine Angst. Es machte mir nichts aus, wenn mir etwas weh tat. Ja, man könnte fast sagen, ich mochte es. Ich hatte im Leben bereits so viel Schmerz erlebt, dass die Gefahr, auf dem Boden aufzuschlagen, mich nicht mehr sonderlich schreckte. Das Fallen habe ich allerdings durchaus gelernt. Vor dem Job auf der Ranch war ich nie wirklich abgeworfen worden. Ich brauchte ein paar Versuche, bis ich heraushatte, wie es sich vermeiden ließ, aber ich wurde ziemlich gut darin, meinen Hintern im Sattel zu halten. Von Boss habe ich das meiste gelernt, und bis heute ist er eines meiner absoluten Lieblingspferde. Er war das dominante Pferd in der Herde und die ersten neun Jahre seines Lebens Hengst gewesen. Ich betete ihn an. Er war groß, stark und attraktiv – und eine Knalltüte sondergleichen! Wir verstanden uns ziemlich gut. Wegen seiner Aggression mochte ihn sonst niemand, aber ohne zu wissen warum oder mir damals überhaupt darüber klar zu sein, erkannte ich mich selbst in ihm. Er war sehr stark, und er mochte es nicht, wenn irgendwer ihm sagte, wie er zu sein oder was er zu tun hatte. Er liebte die Freiheit genauso sehr wie ich. Ich lernte schnell, ihn zu lieben, und ich vertraute ihm vollkommen, ganz egal, wie oft er mir weh getan hatte.

Einmal ging ich in Stallnähe hinter ihm herum, weil ich gerade die Pferde sattelte, um zwei zauberhafte Kinder mit auf einen Ausritt zu nehmen. Er hielt mich fälschlicherweise für ein anderes Pferd und trat heftig aus. Es traf mich vollkommen unvorbereitet, und er erwischte mich voll am Bein. Damals reagierte ich auf solche Situationen natürlich so, dass ich es ihm mit gleicher Münze heimzahlte. Ich trat ihn also auch, mindestens drei Mal und so fest ich konnte. Die Kinder, die ich zum Ausritt mitnehmen wollte, sahen mit blankem Entsetzen zu. Ich erklärte, weshalb es wichtig war, dass ich das tat, weil er nur dies verstand, und dadurch, dass ich dasselbe tat, was er getan hätte, war ich in seinen Augen die Anführerin. Das war Pferdephilosophie, wie ich sie damals kannte und wie viele Menschen sie begriffen, doch noch während mir die Worte aus dem Mund kamen, schrie etwas in meinem Körper auf. Ich wusste nicht, was das bedeutete oder wie ich ihm Rechnung tragen sollte, daher schob ich es einfach weg und vertrat in der Sache wieder die offizielle Expertenmeinung. Die Kinder nickten stumm, und wir ritten los. Zum Abschluss des Wochenendes bastelten sie Karten, auf denen sie mir für ihr Abenteuer dankten und sich dafür entschuldigten, dass Boss so gemein zu mir gewesen war. Ich würde vieles dafür geben, wenn ich die Zeit zurückdrehen und ändern könnte, was ich den beiden Jungen an jenem Tag beigebracht habe.

Ein anderes Mal waren Boss und ich weit weg vom Stall. Ich hatte einen besonders schlechten Tag in der Schule gehabt, daher hatte ich Kopfhörer auf, als wir über die Ranch trotteten, ausprobierten, was im Reining so ging, und daran arbeiteten. Plötzlich buckelte er wie wild. Ich hatte keine Chance. Unter mir waren 700 Kilo rohe Kraft und Muskeln außer Rand und Band. Ich habe immer noch keine Ahnung, was ihn dazu gebracht hat, aber ich landete hart auf irgendwelchen Steinen und er schoss davon wie eine Rakete. Ich war wahnsinnig wütend! Ich hatte geglaubt, wir wären Freunde. Ich war unglaublich sauer, ganz zu schweigen davon, dass es höllisch weh tat, und als ich davonstapfte, um ihn zu suchen, kochte ich auf dem ganzen Weg vor Wut. Ich weiß nicht, wie lange ich gebraucht habe, bis ich ihn am Waldrand fand, aber dann ging ich direkt auf ihn zu und versetzte ihm einen harten Schlag mitten ins Gesicht. Er lief nicht weg. Es war ein interessanter Austausch, aber nun hatte ich das Gefühl, wir waren quitt; ich sprang wieder auf, und wir beendeten unseren Ausritt ohne weiteren Zwischenfall.

Abgeworfen werden, das wollte ich nicht noch einmal erleben, insbesondere nicht vom Rücken der riesigen und mächtigen Ranch-Pferde. Ich musste herausfinden, wie es sich vermeiden ließ, aber bisher hatte ich noch nicht einmal herausfinden können, was geschehen musste, damit ich oben blieb. Sie waren sehr groß und schnell, und wenn ich überhaupt einmal das Gleichgewicht verlor, dann stieg ich normalerweise aus und ließ mich einfach abwerfen, da ich ziemlich gut im Abrollen war, wenn ich auf dem Boden aufschlug. Manchmal landete ich sogar auf den Füßen. Das Problem war: Ich wollte nicht, dass sie lernten, dass Buckeln eine Lösung war, um nicht mehr arbeiten zu müssen, und ich wollte ganz bestimmt nicht meine Nachmittage mit der Suche nach meinem Pferd verbringen! Boss gab mir die Gelegenheit, die ich brauchte. Ich spürte sie kommen, und ich war fest entschlossen, im Kampf standzuhalten statt aufzugeben und mich sicherheitshalber abrollen zu lassen. Ich wurde wütend. Ich ließ mich von meiner Wut vereinnahmen, und sie gab mir Kraft. Ich hielt mich fest, ich zog seinen Kopf zur Seite und ritt dieses riesige Ungeheuer, bis er hielt. Dann ritten wir fröhlich und ohne weitere Probleme unserer Wege. Es war nicht das letzte Mal, dass ein Pferd unter mir buckelte, aber es war das erste Mal, dass mir klar wurde, dass ich alles hatte, was es brauchte, um oben zu bleiben. Genau wie damals, als Katy nicht in die Reithalle wollte, fiel mir wieder ein: Wenn ich hartnäckiger – und härter – wäre,

würde das Pferd immer nachgeben, solange ich mich nur im Kampf halten konnte. Kleinere Pferde, und das waren die meisten, konnten mich danach nicht mehr sonderlich schrecken – ganz gleich, was sie mit mir vorhatten.

Die wahrscheinlich eindrücklichste Lektion jenes Jahres kam in Form einer riesigen Narbe an meiner linken Wade. Obwohl Boss sie mir beibrachte, hatte die Lektion doch nichts mit Pferden zu tun. Es mag ein wenig verrückt klingen, aber damals hatte ich gerade einen Roman von Dean Koontz gelesen, in dem der Mörder seine Schmerztoleranz dadurch exponentiell erhöhte, dass er sich selbst Schmerzen zufügte. So konnte er weitermachen, wenn seine Opfer sich wehrten, ohne dass ihm der Schmerz in die Quere kam. Ich fand diese Vorstellung sehr interessant – nicht den morbiden und psychotischen Aspekt, aus dem heraus er es tat, sondern die Idee, dass Leiden eine Entscheidung war und dass man Schmerz, wenn man ihn nur urteilslos betrachtete und annahm, in sehr hohem Maße ertragen konnte. Als jemand, der bis dahin im Leben viel gelitten hatte, wollte ich unbedingt mehr über die Idee wissen, dass Leiden, wenn auch nur auf der körperlichen Ebene, eine Entscheidung war.

Eines Tages hatte Boss es satt, dass ich auf seinem Rücken saß, deshalb scheuerte er sich an einem Stacheldrahtzaun – in dem Versuch, mich loszuwerden. Da ich gerade erst das Buch gelesen hatte und mit meinem Leben außerhalb der Pferde im Allgemeinen zutiefst unzufrieden war, traf ich die bewusste Entscheidung zum Vollkontakt von Stacheldraht und meinem Bein. Ich würde das Ganze einfach beobachten. Ich würde es nicht als schlechte Erfahrung beurteilen; ich würde einfach zusehen, wie die Metallstacheln mein Fleisch aufrissen. Und ich habe es geschafft.

Es war ein warmer Herbsttag mit einer leichten Brise. Ich trug Shorts, und wir streiften durch hohes Gras, bis wir an den Zaun kamen. Als Boss auf den straff gespannten Stacheldraht zuging, ließ ich die Hände sinken und überließ ihm die volle Kontrolle. Ich schaute unverwandt auf meine Beine, als die Drahtstacheln an meine Haut rührten, in sie eindrangen und mein Bein in gerader Linie aufrissen, während wir gemeinsam vorwärtsgingen. Blut rann mir übers Bein, als Boss sich vom Zaun löste. Ich kam mir ein wenig verrückt vor, und ich wusste, keiner würde verstehen, was ich soeben getan hatte, aber das Interessante war – es tat nicht weh. Ich wusste, dass dies wahrscheinlich in vieler Hinsicht ein dummes Experiment war, doch zugleich hatte ich gerade etwas wirklich Wichtiges entdeckt: Schmerz führt nur dann zum Leiden, wenn wir ihn als negatives Erlebnis beurteilen oder uns ihm widersetzen. Dies blieb mir. Als wir zum Stall zurückritten, kamen die Männer, die dort arbeiteten, mir eilends zu Hilfe. Ich erzählte ihnen nicht, was genau passiert war und warum; ich tat so, als wäre ich hart im Nehmen, und man klopfte mir auf die Schulter, weil ich ein harter Hund war – und gab mir eine Kopfnuss, weil ich ein dummer Hund war.

Tagein, tagaus ritt ich die Ranch-Pferde, ich lernte, sie zu lenken, mit ihnen zu arbeiten und sie durch Wiederholung und Belohnung dazu zu bringen, dass sie bereitwillig alles taten, was ich von ihnen verlangte. Zusammen retteten wir Babylämmchen, schwammen im Fluss und stellten uns jeder nur denkbaren Herausforderung. Die Erfahrung, die ich in jenem ersten Jahr auf diesen erstaunlichen Wallachen gewonnen habe, war unschätzbar wertvoll und hat mich zu einer teuflisch guten Reiterin gemacht. Sie brachte Freude in mein Leben und die Chance, wahrhaft dankbar für etwas und richtig gut *in* etwas zu sein. Ich liebte diese Pferde innig, und ich liebte die Arbeit. Allerdings verdiente ich nicht viel Geld, und ich wusste, davon, dass ich für sechs Mäuse die Stunde Pferde ritt, würde ich nicht leben können. Daher beschloss ich, meinem Chef ein kleines Geheimnis anzuvertrauen: Ich wusste, wie man Pferde auswählt, kauft und verkauft, und ich wusste, wie man dies mit Profit tut.

# FÜNF

Reiten ist nicht pferdegerecht

»Das Einzige, was in der Natur auf den Rücken eines Pferdes steigt, ist der Puma, kurz bevor er es verspeist.«

Dale Moulton

» Ich hatte dich draußen in den Pferchen gar nicht gesehen, doch als du in den Ring kamst, wusste ich, du würdest mit mir nach Hause gehen. Es war gestopft voll wie immer, und mein Herz raste, als ich mich fragte, wer wohl meine Konkurrenten um das Spitzengebot wären, für das du weggingst. Der Auktionator nannte uns deine Daten: sechs Jahre alt, nicht eingeritten, eine Kreuzung aus Percheron mit 78 % Foundation Quarter Horse; der schönste Rotschimmel, den ich je gesehen hatte. Du hattest eine Schulterhöhe von 1,62 Metern, wogst um die 800 Kilo und warst ein Hengst. Ich lächelte. Von Anfang an wusste ich, dass du für jeden im Raum der schlimmste Albtraum warst, aber für mich ging mit dir ein Traum in Erfüllung.

Es gab Gekicher und verhaltenes Gelächter, als einige Männer merkten, was für ein junges Mädchen für dich bot. Bei solchen Reaktionen musste ich immer lächeln. Sie sahen den Unfall schon vor sich, der unweigerlich passieren musste. Ich wusste, dass dies mein Wettbewerbsvorteil war. Denn weißt du, die meisten Pferdehändler im Raum waren alte Männer, die für die Ausbildung der Pferde, die sie verkaufen wollten, junge Cowboys anstellen mussten. Aber ich nicht. Ich bildete alle Pferde selbst aus, und es gab keines, mit dem ich nicht fertig wurde. Nicht einmal du. Nicht viele Bieter wollten es mit einem Hengst aufnehmen, und schon gar nicht mit einem deiner Größe und deines Alters; daher war es keine besondere Überraschung, dass ich dich für ein Höchstgebot von nur 550 Dollar erwerben konnte.

Ich rannte hinaus zu den Pferchen, um dich kennenzulernen, noch bevor das »VERKAUFT« des Auktionators in meinen Ohren verklungen war. Sie hatten dich auf eine Koppel zu einer Stute gestellt, die rossig war, und du wurdest allmählich etwas nervös. Ich ging direkt auf dich zu, und du drehtest dich um, um mich anzusehen. Ich war übermütig und stolz, und ich hatte gerade meinen ersten Hengst gekauft, um zu beweisen, was ich draufhatte. Ich legte dir das Halfter an, und du sträubtest dich, weil du wieder zu der Stute wolltest. Ich verlangte stattdessen, dass du mit mir kommst. Du kamst direkt auf mich zu, sahst mir in die Augen, holtest plötzlich mit einem Vorderhuf aus und schleudertest mich auf den Boden am anderen Ende der Koppel. Scheiße. Was hatte ich mir da nur eingebrockt?

Ich fuhr ohne dich nach Hause und war außer mir, weil ich einen riesigen Fehler gemacht und meine Fähigkeiten als Ausbilderin ein bisschen überschätzt hatte. Ich hatte noch nie mit einem Hengst gearbeitet, und schon gar nicht einen älteren unter dem Sattel angeritten. Du hattest mir bereits weh getan, und ich kannte dich kaum. Ich saß in meinem Wohnzimmer auf dem Boden, weinte und bemitleidete mich. Dann wurde mir klar, dass ich noch einmal dorthin und dich holen musste, sonst machte ich mich zur Zielscheibe des Gespötts. Ich wartete bis spät am Abend, bis alle den Verkaufsstall verlassen hatten; dann kam ich wieder zu dir. Ich brachte meinen Kontaktstock mit. Als ich wieder in deine Koppel trat, gingst du sofort auf mich los, und mein Stock traf dich mit perfektem Timing quer über die Wange, und zwar schwer. Du bist direkt in meinen Anhänger gegangen und hast mir nie wieder weh getan.

Ich verliebte mich in deine Kraft, dein Wesen, dein Alles. Wir wurden Freunde, und oft kletterte ich auf den Rohrzaun um den Stall, auf dem ich sitzen, deine Stirnlocke bürsten und dir in deine großen, wunderschönen Augen schauen konnte – weil ich vom Boden aus nicht zu dir hinaufkam. Hengste haben etwas Magisches, und du warst der beste Beweis dafür. Vielleicht lag die Magie ja darin, dass ich dich kontrollieren konnte. Ich brachte es nur auf zehn Prozent deines Gesamtgewichts, und doch konnte ich dir Befehle erteilen und du hast sie befolgt. Ich habe dich zum Angeben benutzt. Ich habe dich benutzt, um andere zu beeindrucken. Ich habe dich benutzt. Doch irgendwo darunter habe ich dich tiefer geliebt als jedes andere Pferd, dem ich je begegnet bin. Dennoch warst du nur ein Geschäft, und als ich mit deiner Ausbildung fertig war – als ich damit fertig war, dir deine Kraft zu nehmen –, wurdest du verkauft, genau wie die anderen. Du gingst nach Virginia, und bis heute, nach all den Pferden, die ich kommen und gehen sah, bist du derjenige, bei dem ich am meisten bedaure, dass ich ihn verloren habe. «

Die meisten jungen Leute auf dem College verbrachten ihre Wochenenden mit Partys, Geselligkeit oder zumindest mit Lernen. Ich nicht. Den Freitag- und den Samstagabend verbrachte ich normalerweise bei öffentlichen Pferdeauktionen. Im ersten Jahr, in dem ich die Pferde auf der Ranch ritt, hatte ich ein paar Pferde für mich selbst ge- und wieder verkauft und dabei erneut enormen Gewinn gemacht, genau wie bei Fancy. Als ich dies meinem Chef erklärte, sah er darin eine Gelegenheit, wie er sowohl mich in dem unterstützen konnte, was mir Freude machte, als auch eine steuerabzugsfähige Ausgabe für den Ranch-Betrieb hätte. Also arbeiteten wir eine Vereinbarung aus, der zufolge ich für Pferde, die ich für die Ranch vermittelte, eine Provision bekäme und umgekehrt für die Pferde, die ich für mich selber kaufte und verkaufte, eine Provision bezahlte und sie auf der Ranch einstellen konnte.

Es war wirklich eine sehr günstige Vereinbarung, und er schickte mich an den Wochenenden mit einem Blankoscheck auf den Pferdemarkt und gab mir freie Hand. Ich kam so gut wie nie mit leeren Händen heim. Manchmal musste ich mit meinem Anhänger zweimal fahren, um die neuen Pferde nach Hause zu holen, und einmal überzeugte ich ein bezauberndes Pony, in meiner Sattelkammer mitzufahren, damit ich nicht noch einmal würde fahren müssen. Das hat die Jungs, die an jenem Abend auf den Koppeln arbeiteten, besonders beeindruckt.

Manche Pferde behielt ich ein paar Monate, andere waren innerhalb einer Woche wieder verkauft. Einmal kaufte ich eine hübsche kleine graue Stute unbesehen im Internet. Ich rief den Verkäufer an, bot ihm aufgrund der Beschreibung 700 Dollar bar auf die Hand, traf mich mit ihm neben der Autobahn und hatte sie in weniger als zehn Minuten von seinem Anhänger in meinen verladen. Zwei Wochen später und nach vielen Ausritten, auf denen ich herausfand, was sie konnte, verkaufte ich sie für 1.800 Dollar an einen sehr glücklichen Käufer. Ich wusste genau, welche Fragen ich einem Verkäufer stellen musste, um zu erfahren, was ich bekommen würde und ob er mir hinsichtlich der Gesundheit des Pferdes etwas vorlog. Verhaltens- oder Ausbildungsfragen interessierten mich nicht, weil dazu jeder seine eigene Meinung hat. Das würde ich mit dem Pferd selbst ausmachen. Mein Verkaufsziel war es, die Pferde zu 100 % Prozent über meinem Einstandspreis zu verkaufen, und zwar bevor 50 % des Gewinns durch die laufenden Kosten aufgezehrt wären. Meistens funktionierte es. Ich vertrieb Pferde wie verrückt und war inzwischen ziemlich bekannt als Quelle für anständig ausgebildete und oft sehr schöne Reitpferde. Die Situation war einfach perfekt – ich hatte das Geld, um sie zu kaufen, die Zeit, um sie zu reiten, und den perfekten Ort für Ausbildung und Marketing. Die Ranch bot sowohl den Pferden als auch mir unendliche und vielfältige Möglichkeiten zu lernen und Erfahrungen zu sammeln, sodass die Pferde mit jedem Ausritt besser verkäuflich und ich als Ausbilderin versierter wurden.

In den darauffolgenden zwei Jahren kaufte, trainierte und verkaufte ich über hundert verschiedene Pferde. Es waren Tiere aller Rassen, jeglicher Herkunft, jeden denkbaren Ausbildungsstands und aus allen möglichen Umständen. Eine bessere Ausbildung konnte es für mich gar nicht geben, und das Lernen aus meiner unmittelbaren Erfahrung mit den einzelnen Pferden verschaffte mir eine solide Grundlage, auf der ich alles hinterfragen konnte, was irgendwer mir über Pferde und deren Ausbildung erzählen wollte. Meist war es eine reine Angelegenheit zwischen mir und den Pferden mit nur sehr wenig Einfluss von außen, bis ich mir diesen selbst suchte.

Meinem Vater zuliebe studierte ich Betriebs- statt Pferdewirtschaft. Das war ein kluger Schachzug, und ich wurde dadurch sehr gut im Verkaufen von Pferden. Ich war ehrlich und zuverlässig, und ich wusste, wie wichtig guter Kundenservice ist. Außerdem war mir auch an den Pferden gelegen, daher lehnte ich ohne weiteres Käufer ab, wenn ich glaubte, dass sie nicht gut zu dem Pferd passten, für das sie sich interessierten. Jedes Pferd hatte ein ausführliches Beurteilungsblatt, das allgemeine Angaben sowie seine Krankenakte enthielt und in dem überdies sämtliche Ausbildungen und Erfahrungen verzeichnet waren, sodass potenzielle Käufer genau sehen konnten, was sie von dem Pferd zu erwarten hatten und welches seine Stärken und Schwächen waren, sowohl am Boden als auch unter dem Sattel. Damals beschäftigte ich mich obendrein mit Webdesign, und lange bevor Videos oder abgefahrene HTML-Elemente auf Websites gang und gäbe waren, zählte ich über tausend Besucher im Monat, meistens Frauen, die sich gerne die Fotos und Videos der Pferde ansahen, die ich zum Verkauf anbot. Die meisten Verkäufe liefen über Anzeigen im Internet und meine Website. Wenn ich nicht beim Studium war, dann ritt, verkaufte oder transportierte ich Pferde.

Zu Hause war mein Leben elend geworden, voller Chaos und Verzweiflung. Ich war bei meinem Vater ausgezogen, was wahrscheinlich in vieler Hinsicht ein großer Fehler war, und direkt bei meinem Freund eingezogen. Dies hat meiner Beziehung zu meinem Vater mehr geschadet, als ich damals begreifen konnte. Mein Freund und ich stritten uns ständig, doch wir hingen so sehr aneinander, dass die Vertrautheit zwischen uns mich komplett lahmlegte und ich gar nicht auf den Gedanken kam, es könnte auch anders sein. Mein Selbstwertgefühl rauschte in den Keller, ich nahm stark zu, und wären nicht die Pferde und meine Hunde gewesen, ich hätte mich wohl umgebracht. Die Tiere waren die einzigen Beziehungen, die mir eine beständige Quelle liebevoller

Güte von einem anderen Wesen boten. In jenen Tagen gelangte ich an den tiefsten und dunkelsten Rand der Verzweiflung. Der Mensch, den ich am meisten liebte, war schrecklich zu mir und ich zu ihm. Wie können zwei Menschen einander so viel bedeuten und sich doch so schlecht behandeln?

Es bricht mir immer noch das Herz, dass manche eine solche Beziehung für Liebe halten. Noch bevor ich zwanzig war, wusste ich, was es heißt, absolut am Ende zu sein und nicht mehr leben zu wollen. Ich verließ mich auf die Pferde und mein Studium, um mich innerlich über Wasser zu halten.

In dieser Zeit war ich ziemlich viel unterwegs. Wenn ein lukratives Geschäft mit einem Pferd winkte, mit dem ich Geld verdienen konnte, fuhr ich praktisch überallhin. Meistens fuhr ich quer durch Texas und Oklahoma und las überall da Pferde auf, wo ich sie am billigsten bekommen konnte. Es war mein erster echter Vorgeschmack auf Unabhängigkeit, und es gab mir Selbstvertrauen und Kraft, wenn ich diese Geschäfte aushandeln und den Anhänger selbst an meinen Transporter kuppeln sowie mit den Pferden auf meine Weise umgehen konnte. Wie immer waren die Pferde meine Fluchtmöglichkeit vor der Auseinandersetzung mit meiner Vergangenheit, vor der Lösung der schrecklichen Probleme zu Hause oder ganz allgemein vor mir selbst. Nur waren mit diesem Ausweg nun auch noch Geld und Macht verbunden. Mein Erfolg stieg mir zu Kopf, und da die Pferde in meiner Welt in erster Linie ein Wirtschaftsgut waren, habe ich vieles verpasst, was sie mir sagen wollten.

Eines Februartages kam ein großartiges Geschäft mit einem der schönsten Pferde zustande, das ich je besessen habe. Apache war ein sehr auffälliger, und zuweilen eigensinniger, American Paint-Palomino-Wallach. Das Mädchen, das ihn kaufte, wohnte in Wisconsin, und als sie mich fragte, ob ich eine gute Spedition kennte, bot ich ihr aus einer Laune heraus an, ihn ihr selber zu bringen. Ich vermute, mir stand der Sinn nach Abenteuer. Weil ich von einer derart langen Fahrt nicht mit leeren Händen zurückkommen wollte, sah ich mich im Internet nach Pferden zwischen Wisconsin und Texas um und fand auch eines, das ich auf dem Rückweg erwerben wollte – einen umwerfend schönen erdfarbenen Braunisabellen namens Frosty King, der zur Hälfte Mustang war, in Iowa. So weit war ich noch nie gefahren, und schon gar nicht im Winter in die Nordstaaten, aber planmäßig wollte ich am Freitag losfahren, meinen Wallach mit einer kurzen Zwischenübernachtung in Missouri nach Wisconsin bringen und mich dann sofort auf den Weg nach Iowa machen, um vor Montag wieder in Texas zu sein. Nach schlaflosen Nächten, mehr Schnee als ich je zuvor gesehen hatte und bei knackigen Minusgraden schaffte ich es rechtzeitig nach Iowa – nur damit mein neues Pferd sich weigerte, in den Anhänger zu gehen.

Frosty Kings Besitzerin Nikki und ich verstanden uns sofort bestens. Wir beschlossen, unsere Versuche, ihn in den Anhänger zu kriegen, zu unterbrechen, damit uns nicht noch die Finger und alles andere abfrören. Wir bestellten eine Pizza und gingen ins Haus, um einander kennenzulernen. Nikki war die erste Frau, zu der ich derart schnell und auf so vielen Ebenen Zugang fand. Wir hatten wirklich viel gemeinsam, und schließlich blieb ich den ganzen Tag bei ihr. Sie wollte mir unbedingt per DVD den neuen Ausbilder und seine Methoden vorstellen, mit dem sie sich gerade beschäftigte. *Natural Horsemanship* war damals ein relativ neuer Begriff, und es gab nur zwei bekannte Vertreter. Einen kannte ich und hatte mich auch ein wenig mit ihm beschäftigt; ich glaube, er hat den Begriff *Natural Horsemanship* ursprünglich geprägt. Seine Präsentation war mir echt zuwider, daher habe ich mir nie die Zeit genommen, seine Methoden anzuwenden, obwohl ich mich eingehend damit beschäftigt habe. Dieser neue Typ in der Szene, den meine neue Freundin mir vorstellte, war aufregend. Er war praktisch und nahm kein Blatt vor den Mund. Ich bewunderte seine direkte und ehrliche Art. Außerdem sah er ziemlich süß aus und hatte einen noch süßeren Akzent, daher investierte ich das gesamte Geld, das mir nach dem Verkauf meines Wallachs und dem Kauf von Frosty King noch blieb, in sein komplettes DVD-Trainingsprogramm, nachdem ich ihm einen ganzen Nachmittag lang von Nikkis Sofa aus zugesehen hatte.

Am Ende meines Besuches geruhte auch mein neues Pferd, in den Anhänger zu steigen, daher machte ich mich auf den Heimweg nach Texas und war tatsächlich in den frühen Morgenstunden des Montags dort. Durch diese interessante neue Idee von der *Natural Horsemanship* war es Zeit geworden, die Dinge auf die nächsthöhere Stufe zu heben.

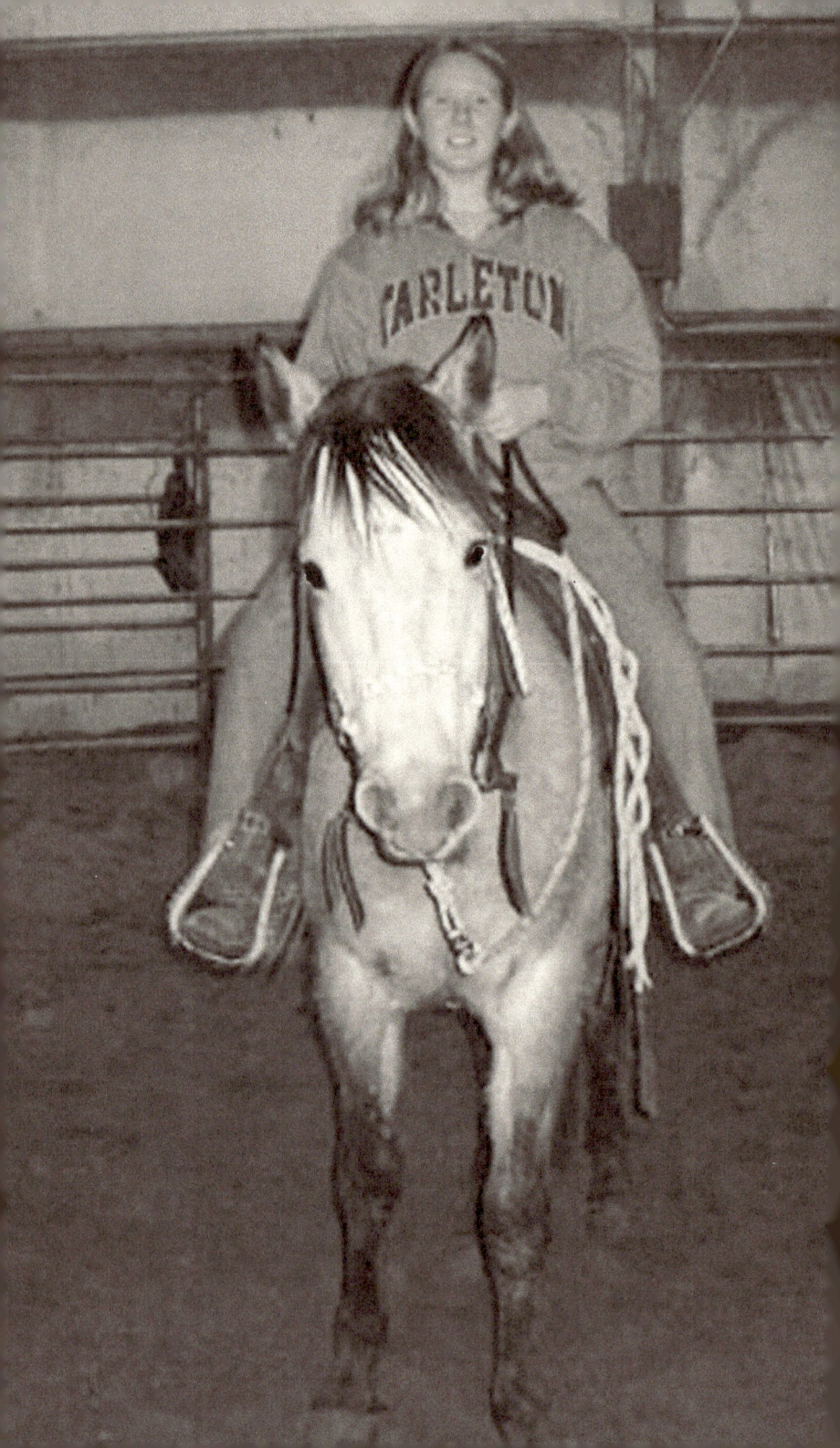

SECHS

Pferde-»Wissenschaften«

»Wichtig ist, dass man nie aufhört zu fragen.«
Albert Einstein

>> Es war dunkel in der Reithalle, wo die runde Reitbahn hinter der Tribüne angelegt worden war. Die Lampen, die von der Decke hingen, schienen zu schwingen wie ein schwach erleuchteter Kronleuchter im Speisesaal eines verwunschenen Hauses, wobei ich mir ziemlich sicher bin, dass sie sich keineswegs bewegt haben. Nervös führte ich dich auf die Reitbahn, gefolgt von drei Klassenkameradinnen, von denen eine eine Videokamera in der Hand hatte. Du warst das erste Pferd, das ausschließlich von mir ausgebildet worden war. Du warst das erste Hengstfohlen, das ich angeritten hatte. Ich wusste, was immer auch passierte, wäre unmittelbar darauf

zurückzuführen, was ich in unsere gemeinsame Zeit eingebracht hatte. Ich hatte Angst, und ich hatte Publikum. So gern ich auch das Maul aufriss, zum Ausgleich für alles, was mir an echtem Selbstvertrauen fehlte, jetzt würden wir gleich herausfinden, wie sehr ich meinen Worten Taten folgen lassen konnte, wenn es um Pferde ging.

Die anderen Mädchen kletterten auf die Tribüne, um uns zuzuschauen, während ich dich sanft in die Mitte der Bahn führte. Ich war angespannt, und ich hatte in dem Moment absolut nicht vor, dich noch weiter vorzubereiten. Damit hatten wir bereits Monate verbracht. Mein Herz raste; ich konnte es hören und in meinen Ohren spüren. *Babumm, babumm, babumm!* Ich drehte deine Nase zum Sattel, wie ich es gelernt hatte, damit ich in Sicherheit wäre, solltest du buckeln wollen. Ich hielt den Atem an und flüsterte Worte, an die ich mich nicht erinnern kann, als ich meinen linken Fuß in den Steigbügel stellte und vom Boden abhob. Mein rechtes Bein schwang über deinen Rücken und mein Hintern landete sanft im Sattel. Ich atmete tief durch, setzte mich tief, entspannte meine Beine, machte meine Schultern rund und auf alles gefasst und bat dich, vorwärts zu gehen.

Du wurdest bei der ersten Anforderung etwas nervös, hast dich aber schnell wieder zusammengerissen und bist nach vorne gegangen. Wir gingen zusammen in beiden Richtungen, drehten jedes Mal eine Runde auf der Bahn und du hieltest an wie ein perfekter Gentleman. Wir hatten es geschafft. Du warst perfekt. Ich war die Erste in der Klasse, die ihr Hengstfohlen ritt, und du hast nicht einmal gebuckelt. Nicht ein Mal! Alle glaubten, das läge daran, dass du einfach zu sanft wärst, aber ich wusste, was wir geleistet und womit wir uns dies verdient hatten, und ich erinnere mich noch gut daran, wie du am Anfang versucht hast, mich herauszufordern und herumzuschubsen, aber jetzt nicht mehr.

Ich hatte versucht, dich zu verstehen und ich hatte dir zeigen können, wie einfach es ist, wenn du tust, was ich von dir verlange, und dass dir dann kein Schmerz zugefügt wird.

Den Rausch dieses ersten Ritts habe ich nie vergessen – die wenigen Augenblicke zwischen dem Moment, als meine Füße vom Boden abhoben und mein Hintern im Sattel landete, voller Anspannung, was wohl als Nächstes passieren würde. Entweder du würdest buckeln, was unmissverständlich bedeutete, dass ich bei deiner Vorbereitung aufs Anreiten versagt hatte, oder du würdest meine Hilfen tapfer annehmen und damit zeigen, dass ich meine Sache gut gemacht und dein Vertrauen verdient hatte. Zumindest habe ich das damals so verstanden. Du warst der Erste, aber dieser Rausch trat bei jedem Pferd nach dir wieder ein, und er wurde meine neue Sucht. Als ich die Pferde selber einritt, wusste ich, dass alles, was passieren würde, ein Spiegel der Arbeit wäre, die ich geleistet hatte; und dieses Feedback konnte ich nutzen, um Selbstvertrauen aufzubauen. Meine innere Welt wurde immer stärker vom Äußeren eines Pferdes abhängig. «

*E*rst in meinem Abschlussjahr auf dem College konnte ich Pferdewissenschaften als Fach wählen. Bis dahin hatte ich versprochen, mich auf Betriebswirtschaft zu konzentrieren, und diese Verpflichtung hatte ich erfüllt – ebenso wie die Voraussetzungen für den Pferdeausbildungs-Kurs. Ich hatte noch nie ein junges Pferd unter dem Sattel eingeritten, und meine Pferdeausbildung bestand damals zum größten Teil darin, Pferde, die bereits eingeritten oder zumindest bis zu einem gewissen Punkt vorbereitet worden waren, den letzten Schliff zu geben. Ich war mehr als aufgeregt, meine Erfahrung um diesen Bereich zu erweitern, denn ich fand, der Knackpunkt fürs Geldverdienen läge darin, sie jung zu kaufen, wenn sie noch richtig preiswert waren, und sie dann nach meinem eigenen Maßstab ohne Einflüsse von außen auszubilden. Dann wüsste ich absolut alles über sie und was sie wie gelernt hatten, wodurch es leichter würde, sie zu dem Preis zu verkaufen, den ich haben wollte. Ich hatte keine Ahnung, wie spannend es außerdem sein würde, und das war nur das Sahnehäubchen. Dieser erste Ritt auf einem Hengstfohlen war der Stoff, aus dem Adrenalinjunkies gemacht werden.

Natural Horsemanship, die natürliche Reitkunst, war gerade erst in Ansätzen in den Lehrplan meines Colleges aufgenommen worden. Mit vielem, was von mir verlangt wurde, war ich nicht einverstanden, da ich mich bereits zu Hause in Form der DVD-Kurse des süßen jungen Australiers, den ich in Iowa kennengelernt hatte, selbst eingehend damit beschäftigt hatte. Die Taktik am College war ein wenig schärfer als das, was ich mir im Selbststudium erarbeitet hatte, aber das war es nicht, was mir so sehr gegen den Strich ging. Ganz einfach, die Methoden, die ich erlernte, funktionierten besser, weil sie früher beständige Ergebnisse lieferten, und obwohl es nett war, sanfter mit den Pferden umzugehen, war für mich doch die Effizienz der Methodik das Wichtigste. Schließlich war es mein Geschäft, die Pferde so schnell wie möglich zu Höchstpreisen zu verkaufen, daher war es umso besser, je schneller die Ausbildung funktionierte. Außerdem wollte ich keine Wildpferde mehr reiten, und es gefiel mir, dass die Methoden, die ich benutzte, ziemlich zuverlässig garantierten, dass ich nicht abgeworfen wurde, wenn ich sie richtig anwandte.

Mir wurde ein eigensinniger kleiner Mausfalbe, ein Hengstfohlen namens Dusty, zugeteilt – und mein Leben änderte sich. Die meisten Pferde, mit denen ich bis dahin gearbeitet hatte, waren innerhalb weniger Wochen wieder weg, daher hatte ich keine Vorstellung, was passieren würde, wenn ich ein Pferd hätte, mit dem ich kontinuierlich sehr viel Zeit verbringen würde und für dessen Fortschritte innerhalb eines bestimmten Zeitraums ich verantwortlich wäre. Katy war das einzige Pferd, an dem ich je lange festgehalten hatte, und selbst dies war ziemlich unbeständig und mit viel Ignoranz durchsetzt, was schließlich dazu führte, dass ich sie in meinem zweiten Jahr auf der Ranch verkaufte. Dusty wäre nun das erste Pferd, an das ich mit meiner neuen, größeren Erfahrung und meinem Wissen mindestens ein Jahr gebunden wäre. Seiner Zucht und seinem Exterieur nach war er ein prima Hengstfohlen, und mit seiner schwarzen Mähne und seinem schwarzen Schweif sah er außerdem hinreißend aus. Daher kaufte ich ihn natürlich für die geforderten 2.500 Dollar, die ich mit Erlaubnis seines Züchters und unseres Assistenzprofessors bis zum Ende des Schuljahres abstottern durfte. Bis heute habe ich nie wieder so viel für ein Pferd bezahlt.

Ich hielt mich sorgfältig an den Studienplan, obwohl ich die in den Kursen vorgeschriebenen Ausbildungsmethoden oft durch diejenigen ersetzte, die ich zu Hause erlernte und privat sowie in meinem Geschäft anwandte. Daher fiel ich recht häufig auf, und nicht immer positiv. Der Professor, der für das Fach zuständig war, war nicht im Geringsten von mir beeindruckt. Ich war pummelig, unerfahren und arrogant, und da ich nie an irgendwelchen Wettkämpfen teilgenommen hatte und nicht aus der Pferdewirtschaft kam, sorgte mein direkter Widerspruch gegen einiges, was mir beigebracht wurde, eher für Gespött als dass er Interesse weckte. Auf dem Weg zum Unterricht sah ich eines Tages meinen Professor in einer Box bei einem der Hengstfohlen, das er für irgendetwas tadelte. Er stand in der Tür zur Box, und immer wenn das Hengstfohlen etwas anderes tat, als er wollte, versetzte er ihm einen Hieb mit der Peitsche. In seiner Box hatte das arme Pferd keine andere Möglichkeit, der Strafe zu entgehen, als zu tun, was von ihm erwartet wurde. Ich wusste nicht viel, aber ich wusste, dass dies lächerlich unfair und brutal war, und die Hilfe dieses Mannes wollte ich bei der Ausbildung meines Hengstfohlens ganz gewiss nicht, zumal es wirklich MEIN Hengstfohlen war.

Mit den natürlicheren Methoden, die ich erlernte, übertraf ich die wöchentlichen Trainingsziele immer. Im Grunde ging es bei der *Natural Horsemanship* darum, in der Pferdeausbildung wissenschaftliche Erkenntnisse und das natürliche Verhalten von Pferden zu nutzen, statt sich ausschließlich auf Gewalt zu verlassen, was traditionell die anerkannte Methode gewesen war, bis diese sogenannte Revolution in der Reitkunst begann. Sie orientierte sich an der Herdendynamik von Wildpferden, wobei man davon ausging, dass ein dominantes Pferd seine Leitfunktion behielt, solange es die Beinbewegungen eines anderen Pferdes kontrollieren konnte. Ich werde hier nicht weiter ins Detail gehen, weil es zu diesem Thema bereits sehr viel Material gibt, doch egal, ob das nun Pseudowissen ist oder nicht, es hat einwandfrei funktioniert und Ergebnisse erbracht. Leider wurde dieses Verständnis der Arbeit mit Pferden mit zunehmender Popularität und Anwendung mit Worten und Begriffen wie Vertrauen, Beziehung, Respekt, Mitarbeit und – am schlimmsten – Liebe in Verbindung gebracht. Wie Millionen andere war ich vollkommen davon überzeugt.

Sowie meine Trainingsmethoden sanfter und sehr konsequent wurden, wurde auch Dusty weicher und folgte meinen Anforderungen bereitwilliger. Wir arbeiteten sehr gut zusammen, und ich war richtig glücklich über seine Fortschritte. Er wurde genau zu dem Pferd, das ich wollte. Mein Professor und einige andere

Studenten grinsten höhnisch über uns und behaupteten, ich hätte großes Glück, dass ich so einen »Hohlkopf« erwischt hätte, da sie große Probleme mit ihren Hengstfohlen hatten und einige sogar abgeworfen worden waren. In jenem Semester war ich die erste Studentin, die ihr Hengstfohlen ritt, und es lief perfekt. Wie schnell sie doch vergessen hatten, dass Dusty am Anfang, als wir unsere Hengstfohlen aussuchten, als einer der schwierigeren galt, weil er sehr dominant war. Statt dass man mir gratulierte, wurde ich oft kritisiert, wir beide seien zu faul. Man warnte mich, irgendwann werde Dusty mich gnadenlos verdreschen, weil ich offensichtlich nicht genug von ihm verlangte, wenn er alles so bereitwillig leistete und akzeptierte. Das gab mir tatsächlich zu denken, aber ich hatte nicht die Absicht, meine Vorgehensweise zu ändern, weil sie für uns gut funktionierte; und da er mir gehörte, war dies das Allerwichtigste.

Weil ich ihn gekauft hatte, durfte ich Dusty über die Winterferien mit nach Hause nehmen. Bei seinem dritten Ritt setzte ich ihn ein, als ich im Rahmen meines Jobs auf der Ranch einen Wanderritt leitete, nur mit Halfter und Reitkissen. Er war fabelhaft. Keiner wollte mir glauben, dass dies erst sein dritter Ritt war. Schon vorher hatte ich mich für eine ziemlich gute Pferdeausbilderin gehalten, aber nun hatte ich etwas gefunden, worin ich wahrscheinlich wirklich großartig werden konnte. Auch wenn dies das erste Mal war, Hengstfohlen einzureiten schien meine Stärke zu sein, und ich liebte es. Was hätte ich daran auch nicht lieben sollen? Ich war ein Kontrollfreak, und wenn ich die Pferde selbst einritt, gab mir dies die Kontrolle über einen wesentlich größeren Teil des Prozesses.

Als das Sommersemester und damit der fortgeschrittene Teil des Ausbildungskurses begann, war ich sehr glücklich mit meinem Pferd. Dusty tat absolut alles, was ich von ihm verlangte, und ich vertraute vollkommen darauf, dass ich bei ihm sicher wäre. Während andere Studenten von ihren Hengstfohlen abgeworfen wurden oder zutiefst von ihnen enttäuscht waren, stand ich mitten in der Reithalle auf Dustys Rücken und gab mächtig an; ich war ein richtiges Arschloch. Er war so gut, dass ich ihn bei meinen abendlichen Reitstunden neben wesentlich älteren und erfahreneren Pferden einsetzen durfte. Er war das einzige Hengstfohlen, das in dem Kurs zugelassen wurde, in dem es darum ging, besser reiten zu lernen, was bedeutete, dass nur sehr gut ausgebildete Pferde erwünscht waren. Dieser Kurs sollte sich auch für mein Geschäft als sehr hilfreich erweisen, da ich oft Pferde mitbringen und auch bei meinen praktischen Prüfungen einsetzen konnte, die ich in der Ausbildung hatte.

Innerlich war ich hin und weg wegen meines Erfolges mit Dusty und hätte nicht glücklicher über mich sein können. Doch nicht jeder empfand das so. Der Professor, der für das Fach zuständig war, und der Abteilungsleiter waren keineswegs von uns beeindruckt. Dusty sollte ein Allround-Reitpferd werden, daher drängte ich ihn nicht zum Cutting, dem Absondern von Rindern aus der Herde, und ich wollte keine Sporen einsetzen, damit er sich schnell zur Seite drehte, wie uns nahegelegt wurde. Solange er tat, was ich von ihm verlangte, war ich glücklich. Dies trug uns ein dickes, fettes B als Gesamtnote ein sowie außerdem eine persönliche Anmerkung, wir seien faul, und Dusty sei unberechenbar, weil er nie zu Leistungen gedrängt worden sei, was ihn gefährlich und einen Unfall höchst wahrscheinlich machte. Außerdem informierte man mich, wegen meines Beispiels sei es künftig Studierenden nicht mehr gestattet, zu dieser Ausbildung ihr eigenes Pferd mitzubringen.

Einen Monat später hielten wir den jährlichen Frühjahrs-Pferdemarkt ab, in dem alle Hengstfohlen aus der Ausbildung versteigert wurden. Ich nutzte mein Unternehmen und meinen Ruf als Pferdehändlerin, um die Veranstaltung zu bewerben und bekannt zu machen, was dazu beitrug, dass es der erfolgreichste Pferdemarkt in der Geschichte der Schule wurde. Ich wusste, dass ich eine Begabung für die Arbeit mit Pferden hatte, und meine Erfahrungen bestätigten mir dies unabhängig von der Meinung anderer. Das Hengstfohlen, das mein Professor in unserem Kurs nebenher ausgebildet hatte, erbrachte beim Frühjahrs-Markt 4.000 Dollar. Als ich Dusty im darauffolgenden Jahr verkaufte, trug er mir lockere 6.500 Dollar ein. Die abschließende Beurteilung von Dusty und mir habe ich aufbewahrt, und sie hat in mir ein wildes Feuer entfacht. Das auflodernde Feuer war meine neue Überzeugung, dass jemand nur deshalb, weil er vielleicht Experte im Althergebrachten ist, nicht unbedingt etwas zum künftig Möglichen zu sagen haben muss.

SIEBEN

Die Lektion des Buddha

»Glaube nichts, egal wo du es gelesen hast und wer es gesagt hat, egal ob ich es gesagt habe, wenn du es nicht selbst gründlich geprüft und als dir selbst und anderen zum Wohle dienend erkannt hast, das nimm an.«

Der Buddha

>> Ich weiß noch nicht einmal mehr, woher du kamst, aber du hattest schon immer etwas Einzigartiges und Besonderes. Über Buddhismus weiß ich nur, was ich in der Schule im Fach Kulturwissenschaften gelernt habe, daher habe ich keine Ahnung, wie ich darauf kam, dich Buddha zu nennen. Der Name kam mir einfach plötzlich in den Sinn, als ich dich kennenlernte. So ein hübscher kleiner Palomino. Unsere gemeinsame Zeit war

kurz, aber dein Einfluss und dein Opfer haben einen Eindruck hinterlassen, der nie verblassen wird.

An jenem Nachmittag änderte sich dank dir der Lauf meiner Zukunft. Ich saß in etwa dreißig Metern Entfernung auf einem anderen Pferd und sah zu, wie meine Trainingspartnerin mit deiner Lektion für diesen Tag begann. Du hattest uns ein paar Schwierigkeiten gemacht, daher wollten wir den Nachmittag darauf verwenden, dich zu überzeugen, dass dein Leben leichter würde, wenn wir uns alle besser verstehen könnten. Du hattest das richtige Aussehen, das sich gut verkaufen ließ, aber deine Einstellung musste sich noch deutlich bessern.

Ich entspannte mich in meinem Sattel, um zu beobachten, was man tun könnte, damit es mit dir besser läuft. Innerhalb kürzester Zeit trafst du eine Entscheidung, die mich körperlich zu höchster Anspannung trieb. Du tatst, was man einem Pferd nie durchgehen lassen durfte und was meiner Erfahrung nach immer in einer hässlichen Szene endete. Statt dich zu wehren, hattest du beschlossen dichtzumachen. Mit der Ausbilderin auf dem Rücken legtest du dich hin und verweigertest jede Bewegung. Ich hätte noch nicht einmal die Augen aufmachen müssen, um zu sehen, wie die Wut aufwallte. Ich konnte sie spüren. Ich sah zu, wie meine Partnerin sich in ein Ungeheuer verwandelte, das ich sehr gut kannte. Es war der Punkt, an dem – wenn alle bekannten Bemühungen erschöpft sind – die Frustration einsetzt und die Gewalt die Oberhand gewinnt. Die Zügel werden zu Waffen, und ich beobachtete mit Entsetzen, wie sich Hieb um Hieb Striemen auf deinem Fell abzeichneten. Du hast mit keinem Muskel gezuckt.

Sprachlos saß ich da und beobachtete den Spiegel dessen, was aus mir geworden war. Es spielte keine Rolle, dass nicht ich dir an jenem Tag diesen Schmerz zufügte, denn ich hatte es anderen angetan und kannte die Szene nur zu gut. Allein, in mir hatte sich etwas verändert, und beim Hinschauen sah ich mich im Spiegel und wollte nicht mehr so sein. Was da vor sich ging, galt in unserer Welt als absolut angemessene Reaktion auf deine Entscheidung, dich hinzulegen und jegliche Bemühungen einzustellen. Angesehene Reiter unserer Zeit hatten uns beigebracht, so zu reagieren, dich für eine derartige Respektlosigkeit zu bestrafen. Doch vor Kurzem war eine tiefe Liebe in mein Leben getreten, und jetzt sah ich die Dinge einfach anders.

Nach jenem Tag übernahm ich deine Ausbildung und entschuldigte mich bei jeder Gelegenheit stillschweigend bei dir, sogar als ich dich eines Tages erschreckte und deshalb von dir abgeworfen wurde. Du hast alles verändert, als ich zusah, wie du geschlagen wurdest, auf dieselbe Art und Weise, wie auch mir beigebracht worden war, dich für das zu bestrafen, was damals als das Schlimmste galt, was ein Pferd tun konnte – geradeheraus nein zu sagen und jegliche Kontrolle zu verweigern, ohne sich zu wehren. Danke, dass du gesagt hast »So nicht mehr«. Ich bin mir nicht sicher, wie viele »Neins« ich ignoriert hätte, hättest du mir damals nicht diese Lektion erteilt. **«**

*I*ch schloss das College mit Auszeichnung ab, aber ich schritt nicht über die Bühne und lud niemanden zu meiner Abschlussfeier ein. Das Studium und die Pferde waren ein vollkommen anderes Leben als das Chaos, in dem ich zu Hause lebte, und sie waren mir heilig. Meine akademischen und geschäftlichen Erfolge schrieb ich mir ganz alleine zu, und ich wollte sie mit keinem teilen, auf den ich immer noch eine derart abgrundtiefe Wut hatte.

Mein Freund und ich hatten uns verlobt, und ich hatte mich damit abgefunden, dass mein persönliches Leben wohl einfach zum Scheitern verurteilt war, aber ich hatte ja immerhin noch die

Pferde. Wie hätte es auch anders sein können, ohne ein Beispiel für liebevolle zwischenmenschliche Beziehungen vor Augen, von denen ich hätte lernen können? Irgendwie brachte ich durch die Ergebung in meine momentane Situation den Mut auf, einen Schritt nach vorne ins Unbekannte zu tun.

Sowie mein Selbstvertrauen durch die Pferde wuchs, wollte ich auch für mich selber mehr, und ich beschloss, Kontakt aufzunehmen und eine neue Freundschaft zu schließen – eine Freundschaft, die sich vielleicht zum ersten Mal nicht quasi von selbst in einer schulischen Umgebung ergeben, sondern ein wenig Mühe kosten würde. Ich nahm alles, was ich in den vielen Jahren, in denen ich versucht hatte, die zum Scheitern verurteilte Beziehung mit meinem Freund zum Laufen zu bringen, gelernt hatte, kombinierte es mit allem, was ich über die Zusammenarbeit mit Pferden gelernt hatte, und suchte mir meine erste beste Freundin als Erwachsene. Mit einundzwanzig Jahren bin ich also tatsächlich gestorben, so wie es mir vor vielen Jahren in der Grundschule aus der Hand gelesen worden war, doch dies war nur der erste von vielen Toden, die noch folgen sollten – ein Tod, der zu einer Auferstehung in ein neues Leben und eine neue Art zu sein führen sollte.

In Gestalt meiner neuen Freundin war endlich die wahre Liebe in mein Leben getreten. Auf dieser Ebene musste ich Liebe erst noch erleben, und sie berührte mich auf vielerlei unvorhergesehene Weise. Ich begegnete Brandy in der ersten Stunde unseres Pferdeausbildungskurses vor der Reithalle. Ich fühlte mich sofort zu ihr hingezogen und hatte den Eindruck, dass ich in ihrer Nähe sicher war. Wir misteten die Boxen zusammen aus, wir lernten zusammen und wir lachten zusammen – viel. Plötzlich gab es jemanden in meinem Leben, dem ich etwas bedeutete, ohne Erwartungen oder Anforderungen – jemand, die da war, wenn ich sie brauchte und die mir immer mindestens auf halbem Wege entgegenkam. Zum ersten Mal fühlte ich mich bei jemandem wirklich geborgen, und dies machte mich so weich, dass die Mauer, die ich um mich herum errichtet hatte, einen schmerzlichen Riss bekam, den alle Welt sehen konnte. Es ging mir auch gesundheitlich erheblich besser, und als Erwachsene entwickelte ich zum ersten Mal Selbstsicherheit unabhängig von Pferden. Allmählich machte das Leben Spaß; es war spannend, und ich war voller Hoffnung. Ich fühlte mich so schön und emotional erfüllt, wie ich es bisher noch nie erlebt hatte.

Direkt nach dem College schloss ich mich mit einer begabten jungen Ausbilderin namens Kris zusammen. Wir führten mein Unternehmen gemeinsam – Kauf, Ausbildung und Verkauf von Pferden. Inzwischen hatten wir die Vorstellungen der *Natural Horsemanship* vollständig übernommen und waren sehr versiert darin. Wir waren ein begabtes Duo. Ich ritt die Pferde unter dem Sattel ein, und sie vollendete ihre Ausbildung in den stärker spezialisierten Bereichen, die sich jeweils nach den individuellen Begabungen der Pferde richteten. Leider taten wir uns in einer Phase zusammen, in der in meinem Leben nicht nur auf einem Gebiet äußerst stürmische Veränderungen eintraten.

Als Brandy und ich einander im Laufe des nächsten Jahres näherkamen und die erste echte, auf Liebe und gegenseitigem Vertrauen basierende Beziehung entwickelten, verliebten wir uns ineinander. Ich hätte nie gedacht, dass ich mich in eine Frau verlieben könnte. Ich weiß noch, dass ich mich früher zu Mädchen und Jungen gleichermaßen hingezogen gefühlt habe, aber mit dreizehn Jahren begann ich eine erste Beziehung mit eben dem Jungen, mit dem ich auch noch zusammen war, als ich Brandy kennenlernte. Daher war ich bis dahin noch nie auf den Gedanken gekommen, mit einer anderen Frau zusammen zu sein. In der Highschool durchlebte ich eine Phase, in der ich mich fragte, ob ich lesbisch war, was mich aber sehr verwirrte, weil ich ja wusste, dass ich mich auch zu Jungs hingezogen fühlte. Es war mir peinlich, und ich hatte Angst, dem auf den Grund zu gehen.

Auf Bisexualität war ich in meiner texanischen Kleinstadt und der durch die Southern Baptist Church geprägte Erziehung nicht vorbereitet worden, daher packte ich sie einfach weg und versuchte, meine gesellschaftlich akzeptablere Beziehung zu meinem Freund auf die Reihe zu kriegen. Wie bei vielen Dingen, konnten es die meisten Menschen auch hier eher akzeptieren, wenn ich mit einem Mann unglücklich war, als dass ich fröhlich mit einer anderen Frau zusammengelebt hätte. Nach neun zumeist chaotischen Jahren beschloss ich, meinen Freund zu verlassen und mit Brandy, der Frau, in die ich mich verliebt hatte, ein neues Leben zu beginnen.

Dies hatte in jeder erdenklichen Hinsicht Konsequenzen für mein Leben, auch für meine Pferdeausbildung. Durch meine größere Feinfühligkeit meiner neuen Freundin gegenüber war ich auch insgesamt wesentlich weicher und einfühlsamer geworden. Ich sah Dinge in meinen Trainingsmethoden, die sich nicht mehr gut anfühlten. Obwohl die Ausbildungsmethoden, die wir bei den Pferden anwandten, damals als sehr sanft, ja bei vielen traditionellen Pferdeexperten sogar als weichlich galten, kamen sie mir gar nicht mehr so sanft vor. Als ich eines Tages beobachtete, wie Kris die Zügel nahm und einen kleinen Palomino-Wallach schlug, weil er unter ihr einfach dichtgemacht hatte, sah ich mit Entsetzen, was aus mir geworden war. Ich konnte das nicht mehr, nicht so. Ich brauchte Zeit, um den Veränderungen in mir nachzuspüren; und da mein Leben, wie ich es bisher kannte, ohnehin gerade aus den Fugen geriet, war dies eine gute Gelegenheit, mit allen abzuschließen, mit denen ich im Moment in der Welt der Pferde zusammenarbeitete.

Meine Geschäftspartnerschaft mit Kris und mit der Ranch wurde aufgelöst. Im Laufe der nächsten Monate brach ich eine Menge Brücken ab und ließ alles hinter mir, um in einer neuen Stadt das Glück mit einer anderen Frau zu suchen. Alle meine Geschäftspartner behaupteten, sie seien fromme Christen, und keine meiner Entscheidungen war für sie nachvollziehbar. Außerdem lief ich davon und beendete Vereinbarungen deutlich frühzeitiger, als ich eigentlich vorgehabt hatte.

Wider Erwarten geschah eines Abends im Verkaufsstall etwas Aufmunterndes. Gerade machte ich mich daran, für ein neues Pferd zu bieten, das ich ausbilden und verkaufen wollte, da klingelte mein Handy; und als ich auf den Bildschirm schaute, sah ich voller Überraschung, dass dort »Dad« stand. Er rief mich nicht oft an, deshalb lief ich in den Vorraum, wo ich ihn verstehen konnte. Ich hatte ihm noch nicht erzählt, wie es wirklich um die Beziehung zu meiner »besten Freundin« bestellt war, weil ich Angst vor seiner Reaktion hatte – nicht nur, weil ich mit einer anderen Frau zusammen war, sondern weil ich mich gleich wieder auf eine neue Beziehung eingelassen hatte, direkt nach der, die bereits für so viele Spannungen zwischen ihm und mir gesorgt hatte. Allerdings hatte ich es seiner Freundin erzählt, und offensichtlich hatte sie mich verpfiffen. Seine Reaktion, und der Grund seines Anrufs an jenem Abend, verblüfften mich. Er rief an, um mir zu sagen, dass er die Wahrheit wusste und dass er stolz auf mich war und sich für mich freute. Ich konnte gar nicht glauben, was ich da gehört hatte. Dieser Moment war der Beginn einer sehr langen Versöhnungsphase zwischen meinem Vater und mir, und er machte mich glücklicher, als er damals wohl geahnt hat. Hilfreich war außerdem, dass jeder, der Brandy kennenlernte, sich sofort in sie verliebte.

Nachdem nun also alle Brücken zu meinem alten Leben abgebrochen waren, wollte ich mein neues Leben als offen homosexuelle

Frau in der Pferdebranche beginnen. Heute stehe ich nicht mehr so aufs Plakative, aber damals trug ich meine Regenbogenfahne mit Stolz vor mir her. Zum allerersten Mal verließ ich meine Heimatstadt, um anderswo zu wohnen, und endlich fühlte ich mich wie eine wahrhaft selbstständige junge Frau. Eine Zeitlang war ich überglücklich. Meine Pferdeausbildung betrieb ich wieder alleine und mit einer völlig anderen Sicht, wie mit Tieren gearbeitet werden sollte. Die Liebe hatte mich geöffnet, und bei allem, was ich unternahm, mit den Pferden und im Leben, ging es mir nun in erster Linie um Beziehungen. Außerdem verlagerte ich meinen Schwerpunkt mehr auf das Einreiten von Hengstfohlen als auf die Behebung von Problemen bei bereits erfahrenen Pferden. Diese Verlagerung schenkte mir viele freudige Momente, und dieses erste Jahr ist für mich mit erstaunlichen Erinnerungen verbunden, obwohl es angesichts der Unmenge an Veränderungen, die ich durchmachte, auch sehr belastend war. Ich werde immer frohen Herzens und mit einem Lächeln auf jene Zeit in meinem Leben zurückblicken.

Kauf, Ausbildung und Verkauf liefen recht gut – mit einer Ausnahme. Wenn das Pferd den Besitzer wechselte, schwankten die Ergebnisse viel stärker als früher. Manchmal hatten die Leute keinerlei Probleme und waren sehr glücklich mit dem Pferd, das sie erworben hatten. Dann wieder erhielt ich etwa einen Monat später einen Anruf, in dem jemand sich beschwerte, das Pferd, das ich ihm verkauft habe, hätte gerade versucht, ihn umzubringen. Die Betroffenen schilderten eine Situation, die ich angesichts dessen, was ich über das jeweilige Pferd wusste, einfach nicht fassen konnte. Monatelang ging dies so, und es blieb mir unbegreiflich, was da eigentlich los war.

Unbewusst hatte ich bei meiner Ausbildung zielgerichtete Technik und Konsequenz zugunsten einer auf den Moment zugeschnittenen Reaktion auf das einzelne Pferd aufgegeben, was sehr viel beziehungsbasierter war. Die Pferde machten bei mir fantastische Fortschritte, aber dies beruhte darauf, wie ich im jeweiligen Moment auf sie reagierte, und weniger auf der eigentlichen Ausbildung, die sie erhielten. Im Grunde lernten wir also, eine Beziehung zueinander aufzubauen, statt dass sie bestimmte Hilfen lernten, die dann auf andere Reiter übertragbar wären. Liebevolle Menschen mit guten Beziehungsfähigkeiten hatten viel Freude an den Pferden, die sie von mir erwarben. Menschen, die bloß reiten wollten und denen die Meinung des Pferdes egal war, taten sich üblicherweise weh, was dann irgendwann zu einem wütenden Anruf bei mir führte. Ich hatte keine Ahnung, was ich falsch machte, denn was ich mit den Pferden erlebte, die ich ausbildete, war besser als alles, was ich bis dahin getan hatte. Ich fühlte mich wunderbar, sie waren willig und ich konnte mit ihnen mehr machen als je zuvor, einschließlich eines langen Ausritts auf Dusty ohne jegliche Ausrüstung.

Manches schien sich aber auch aufzulösen. Meine neue Liebe und ich mussten umziehen, denn mit mir zusammen zu sein, bedeutete für sie, dass sie sich scheiden lassen musste und den Besitz verlor, auf dem wir lebten. Mein Geschäft lief alles andere als glatt, und ich blickte einfach nicht durch, warum andere mit meinen Pferden Ausbildungsprobleme hatten. Wir brauchten dringend Geld, daher trafen wir die schwere Entscheidung, alle Pferde bis auf zwei zu verkaufen, sodass wir beide noch je eines hätten, und in meine Heimatstadt zurückzuziehen, wo ich wieder in der Pfandleihanstalt arbeiten würde, bis wir unser Leben geregelt hätten und uns über unsere Zukunftspläne klargeworden wären.

Es war eine beängstigende Zeit, aber wir fanden ein hübsches kleines Haus mit etwas Land; und obwohl wir keine Ahnung hatten, was uns bevorstand, freuten wir uns darauf, unser Leben gemeinsam noch einmal ganz von vorne beginnen zu dürfen, bis über beide Ohren verliebt.

ACHT

Seine Seele kann man nicht verkaufen

»Integrität zeigt sich nicht im Denken, in mündlichen Versprechungen oder in Verträgen – nur im Handeln.«

M. Chandler McLay

》 Es dauerte keine zwei Wochen, nachdem du zum Verkauf ausgeschrieben warst, bis ein Vertrag für dich zustande kam. Ein wohlhabender Mann aus Louisville flog hierher, um dich ein zweites Mal zu reiten und mir eine Anzahlung zu geben, bevor er deinen Transport nach Kentucky arrangierte. Ich war ein wenig traurig, dass du gehen würdest, aber das gehörte nun einmal zum ganz normalen Geschäft – außer dass ich normalerweise, bei den anderen, meine ich, mir nicht ein Jahr lang täglich Zeit genommen und das Vertrauen und die Beziehung entwickelt hatte, die dich und mich verbanden. Du hattest mich wohlbehalten durch jede Situation getragen, in die ich dich gebracht hatte, und ein so zuverlässiger Partner, mit dem ich durch die Stürme meines Lebens reiten konnte, würde mir definitiv fehlen.

Dein Käufer war sehr beeindruckt, und er hatte auch allen Grund dazu. Du warst großartig. Mit deinen knapp drei Jahren hattest du bereits Hunderte Kilometer Erfahrung in jeder erdenklichen Umgebung, und absolut jeder konnte dich reiten. Als er dich zum ersten Mal sah, fragte er mich sogar, ob du unter Drogen stündest – und er fragte dasselbe noch einmal, als ich vergessen hatte, den Sattel fest genug zu schnallen und er dir schließlich am Bauch hing, während du völlig gelassen umhergingst. Du warst mir eine Freude und mein ganzer Stolz, und damals hatte ich keinen größeren Erfolg als dich. Du gabst meinem Leben einen Sinn, und ich liebte dich über alles.

Als ich auf dem Feld stand, nachdem du für deine große Reise verladen warst, war scheinbar alles in Ordnung. Es war alles in Ordnung, bis du die ersten Meter wegrolltest und nach mir riefst. Du drehtest dich um und schautest mich durch die Öffnung in der Anhängertür an, und du riefst mich immer und immer wieder, als das Anhänger-Gespann mit dir die Auffahrt zum Tor hinunter und auf die Straße fuhr. Unaufhörlich schriest du nach mir, den ganzen Weg die Auffahrt hinunter und zum Tor hinaus, und solange, wie die Landstraße an unserem zehn Hektar großen Grundstück entlang führte, riefst du mich. All das war ganz offensichtlich nicht in Ordnung.

Ich stolperte den langen Weg zurück zum Haus und fiel immer wieder hin, weil mir die Tränen in Strömen übers Gesicht liefen und meine Sicht einschränkten. Ich schluchzte wegen dem, was ich gerade getan hatte, und mein Körper wand sich vor Schmerz. In mir zerbrach etwas, was nie wieder völlig heil werden sollte.

Gerade hatte ich das einzige Pferd verkauft, bei dem ich mir je erlaubt hatte, ihm voll und ganz zu vertrauen und es wirklich zu lieben. Offensichtlich hatte meine Seele ein Preisschild, und auf dem stand: »Dusty – $ 6.500,00 Festpreis«. «

*N*ach dem Verkauf von Dusty und der Verwirrung, die ich als eine Pferdeausbilderin erlebte, die gerade schmerzhaft erfahren musste, dass Beziehungen schlichtweg nicht übertragbar sind, fühlte ich mich innerlich leer. Wieder einmal ergab ich mich dem Leben, nahm meine alte Stelle in meiner Heimatstadt wieder an und versuchte, mich ausschließlich auf die Heilung der Wunden und das Stopfen der finanziellen Löcher zu konzentrieren, die ein Leben voller schlechter Beziehungen und Entscheidungen gerissen hatte. Ich brauchte Struktur, und genau die habe ich in jenem Jahr auch bekommen.

Wir konnten ein hübsches kleines Haus mit etwa 40 Ar Land für die beiden Pferde kaufen, die wir behalten wollten. In nächster Zukunft hatten wir mit ihnen nicht viel vor, aber unsere Liebe zum Reiten hatte Brandy und mich zusammengebracht, und wir wussten, dass es irgendwann wieder unsere gemeinsame Leidenschaft werden würde. Wir behielten unsere beidem American-Paint-Horse-Stuten Honey und Velvet. Beide waren ein Resultat meiner Zeit als Pferdehändlerin. Honey hatte ich irgendwo im tiefsten Süden von Texas für lediglich 500 Dollar erwerben können, was damals für ein bildschönes erdfarbenes Paint-Fohlen mit Papieren ein tolles Schnäppchen war. Sobald meine Liebe zu ihr entfacht war, konnte ich mir nicht mehr vorstellen, sie zu verkaufen. Honey und Velvet passten wunderbar zusammen. Velvet hatte ich ursprünglich etwas mehr als ein Jahr zuvor für die Ranch vermittelt. Sie war das Resultat eines Tauschhandels, bei dem ich eine Ponystute, die ich in der Ausbildung hatte, gegen die vierjährige Velvet tauschte. In das Pony hatte ich nur 400 Dollar investiert, daher war es ein guter Tausch. Ich bildete Velvet auf der Ranch aus. Sie war eine hübsche, pechschwarze Zuchtstute, und ich verkaufte sie als Reitpferd für 1.600 Dollar.

Unmittelbar nach dem Verkauf von Dusty erhielt ich einen Anruf von der Frau, die Velvet erworben hatte, mit der Bitte, ob ich ihr beim Verkauf von Velvet helfen könne. Ihre Tochter hatte das Interesse verloren, und Velvet wurde schwierig im Umgang. Die Frau wollte mehr Geld, als sie für Velvet bezahlt hatte, und in unserem Gespräch zeigte sich, dass ihre Ausbildung nicht annähernd an den Stand von vor einem Jahr herankam. Ich sagte ihr, ich wüsste nicht, ob ich diesen Preis für sie erzielen könnte, aber zumindest würde ich kommen und ihr beim Verladen in den Anhänger und Ähnlichem helfen. Ich kam und staunte über die Schönheit des Pferdes. Sie war reifer und eine absolut hinreißende Stute geworden. Mit gebrochenem Herzen wegen Dusty bot ich ihr den Preis, den sie verlangte, unter der Bedingung, dass ich ihn in monatlichen Raten bezahlen konnte. Sie akzeptierte, und ich bezahlte 1.800 Dollar für ein Pferd, in das ich ursprünglich 400 Dollar investiert hatte – meine Tage als Pferdehändlerin waren damit offiziell besiegelt.

Jetzt, da ich eine ganz normale Arbeit sowie einen festen Dienstplan hatte und mit meiner Liebe ein neues Leben aufbauen wollte, war mein Alltag ziemlich ausgefüllt. Wir reisten viel, fanden die Struktur, die wir gesucht hatten, und brachten das finanzielle Chaos aus unseren früheren Beziehungen in Ordnung. Wir nahmen uns liebend gerne Zeit für unsere Pferdemädels, aber wir waren zu beschäftigt, um zu reiten; und ganz offen gestanden, je länger wir nicht mehr geritten waren, desto

nervöser wurden wir bei dem Gedanken, wieder damit anzufangen. Wir säuberten täglich ihre Weide und redeten mit ihnen. Zum ersten Mal wandte ich in dieser Form Zeit für Pferde auf, indem ich ohne alle Hintergedanken einfach nur für sie sorgte. Es war für mich sehr merkwürdig, wie sich alles entwickelte: Hatte ich früher tagtäglich im Sattel gesessen, so war ich nun schon seit über einem Jahr nicht mehr auf den Rücken eines Pferdes gestiegen. Wir konnten uns kaum ihr Futter leisten und ihren sonstigen Bedürfnissen gerecht werden und fragten uns viele Male, ob es überhaupt einen Sinn hatte, Pferde zu halten, die wir noch nicht einmal ritten. So tief war in uns eingefleischt, dass Pferde Geldverschwendung sind, wenn sie ihren Unterhalt nicht selbst erwirtschaften.

Bei meiner Bildung, meiner Erfahrung und meiner neuen Empfindsamkeit war es geradezu unmöglich, dass ich bei der Arbeit in der Pfandleihanstalt innerlich auf einen grünen Zweig käme. Mein Chef und ich konnten uns nie einig werden und stritten viel. Als ich mit zweiwöchiger Frist kündigte, hätte er mich beinahe auf der Stelle entlassen, und als ich alle überraschte, weil ich am nächsten Tag trotzdem auf der Matte stand, nahm er mich mit nach unten und bot mir eine bessere Position bei höherem Gehalt an. Ich lehnte ab und nahm eine neue Stelle in einem großen Heimwerkermarkt an. Ganz offensichtlich musste ich meine Regenbogenfahne erst noch ein wenig demonstrativer vor mir hertragen und zum Klischee werden. Im selben Jahr legte ich mir auch einen Kurzhaarschnitt zu und änderte meinen Namen.

Diese Stelle bot genau das, was ich brauchte, um die Struktur aufrechtzuerhalten, die ich mir gerade gab, und unsere persönlichen Angelegenheiten in Ordnung zu bringen. Außerdem bot sie mir die Möglichkeit, in Erfahrung zu bringen, wie ich auf eine

Art und Weise, die sich gut anfühlte, beruflich wieder etwas mit Pferden machen könnte. Als erste große Neuigkeit erfuhr ich, dass der berühmte australische Trainer, der meine Ausbildungsmethoden stark beeinflusst hatte, nach Texas zog! Und nicht bloß nach Texas, sondern ausgerechnet in die Stadt, in der ich ins College gegangen war und die von unserem Wohnort nur wenige Landstraßen-Kilometer entfernt war. Zufällig hatte einer seiner berühmten Konkurrenten auch gerade erst vor Kurzem meine Heimatstadt zu seinem neuen Wohnsitz erwählt. Nun war ich von Meistern der *Natural Horsemanship* umgeben, und ich war mir sicher, dass dies ein Zeichen dafür war, dass mir in naher Zukunft neue Möglichkeiten offenstehen würden. Als ich las, dass mein DVD-Mentor für sein frisch umgesiedeltes Unternehmen Mitarbeiter suchte, bewarb ich mich sofort. Schon am nächsten Tag meldeten sie sich, um einen Termin für ein Vorstellungsgespräch zu vereinbaren. Ich war mehr als aufgeregt.

Es war mein erstes wichtiges Vorstellungsgespräch, und obwohl ich unglaublich nervös war, war ich auch zuversichtlich, weil ich die Arbeit dieses Mannes in- und auswendig kannte und sie in vielen Fällen erfolgreich bei meiner eigenen Tätigkeit angewandt hatte. Ich war ein riesiger Fan, und ich wusste einfach, dass ich ein Gewinn für sie wäre. Ich hatte mich auf eine Stelle im Unternehmen, nicht als Pferdeausbilderin beworben; ich war immer noch nicht überzeugt, dass ich professionell sattelfest war.

Als ich nicht genommen wurde, war ich am Boden zerstört und wollte wissen, warum sie mich abgelehnt hatten. Ich wollte mich ihnen beweisen und versuchen, mir eine zweite Chance zu verdienen, deshalb bewarb ich mich als freiwillige Helferin bei der nächsten Station seiner Tournee und wurde genommen. Das ganze folgende Wochenende arbeitete ich mit und für die Leute, die

die Stelle bekommen hatten, die ich wollte. Ich stellte ihnen jede Menge Fragen und fand heraus, dass sie eines gemeinsam hatten – keinerlei praktische Kenntnisse darüber, wer der Mann war oder was er tat, bis sie speziell in der Sprache geschult wurden, mit der sie seine Kurse und Produkte verkaufen sollten. Sie waren im Grunde Roboter ohne jede Ahnung von Pferden. Aha. Jetzt ergab das Ganze für mich einen Sinn. Für sie wäre ich tatsächlich die denkbar schlechteste Wahl gewesen. Rückblickend betrachtet hätte ich ihn wohl eher für seine Geschäftstüchtigkeit als für seinen Umgang mit Pferden bewundern sollen.

Ich erkannte, was für ein Segen die Ablehnung gewesen war und dass ich auf keinen Fall für jemand anderen in dieser Funktion arbeiten wollte. Ich wollte mir selbst einen Namen machen. Ich wollte, dass die Leute *meinen* Namen mit Erfolg bei Pferden verbanden. Ich war motivierter denn je, meinen Platz in der professionellen Pferdewelt zu finden, und kehrte mit der Absicht zu meinem Bürojob zurück herauszufinden, wie mir dies gelingen könnte.

Nicht viel später drehte dieser Ausbilder eine Folge seiner Fernsehserie mit Pete Ramey – einem Spezialisten für *Natürliche Hufbearbeitung* aus Georgia oder, wie die Leute in unserer Gegend sagen würden, »einer von diesen Barhuf-Spinnern«. Bis dahin hatte ich eigentlich nicht gewusst, was ich mit den Hufen unserer Pferde anstellen sollte. Wir ließen sie von einem Freund immer wieder einmal abraspeln, weil ich nicht viel über Hufbearbeitung und was dazu erforderlich war wusste. Außerdem machten wir ja ohnehin nichts mit den Pferden, daher war dies auch kein größeres Problem. Ich sah mir die Sendung über natürliche Hufbearbeitung sehr interessiert an und fand sie äußerst einleuchtend. Ich erfuhr, dass die Gesundheit der Pferde durch diese Methode in vieler Hinsicht verbessert werden kann, und wenn sie für einen berühmten und von mir bewunderten Ausbilder gut war, dann war es sicher auch gut, wenn wir sie einmal ausprobierten. Wir engagierten den nächsten zertifizierten Barhuf-Spezialisten, den ich finden konnte, 140 Kilometer weit weg, und unsere gesamte Pferdewelt wurde eine andere.

Die Barhuf-Bewegung war damals besonders umstritten. Es konnte dauern, bis sich erste Ergebnisse zeigten, sie erforderte ein ganzheitliches Verständnis der Pferdegesundheit und stellte im Allgemeinen das Wohlbefinden des Pferdes über dessen Nutzen. Für Pferdebesitzer, die einfach ein Hufeisen annageln und mit der Arbeit oder dem Vergnügen loslegen wollten, war sie eine Konfrontation. Ich vertiefte mich ins Lernen. Es war höchst faszinierend, wissenschaftliche Erkenntnisse über Pferde auf eine derart sinnvolle Weise in die Gleichung einzubringen. Wir beobachteten eine deutliche Verbesserung der Gesundheit und des Wohlbefindens unserer Pferde. Sie waren glücklicher und gesünder, und es machte mehr Spaß denn je, mit ihnen zusammen zu sein. Ich wünschte, ich hätte so viel Verstand besessen, die Verbindung dazu herzustellen, dass wir seit einem Jahr nicht mehr auf ihrem Rücken gesessen und uns nur ausgiebig Zeit für sie genommen hatten – aber nein, ich schrieb alles Gute ihrer erstaunlichen neuen Hufbearbeitung sowie der veränderten Ernährung und Haltung zu, die mit diesen Erkenntnissen ebenfalls verbunden waren.

Das einzige Problem war, dass wir uns die Pferde bisher schon kaum leisten konnten und die neue Hufbearbeitung für uns sehr teuer war. Daher beschloss ich, die Hufpflege selbst zu erlernen, damit wir dieses Geld sparen konnten. Ich suchte Pete Ramey im Internet und entdeckte, dass er vorübergehend nicht unterrichtete. Ich war enttäuscht, suchte aber sofort jemanden, den er stattdessen als Lehrer empfahl. Ich entschied mich für eine Frau in

Illinois und meldete mich zu meinem ersten Kurs bei ihr an. Sie war eine ausgezeichnete Lehrerin, und am Ende unseres ersten gemeinsamen Workshops ermutigte sie mich, professionelle Hufbearbeiterin zu werden. Zunächst wehrte ich mich sehr dagegen, denn meine Leidenschaft war ja die Beziehung zu Pferden; als ich aber erfuhr, wie viel ich mit der Hufbearbeitung verdienen konnte, wurde mir klar, dass ich davon wesentlich besser leben konnte als von einem Bürojob in einem Heimwerkermarkt. Außerdem wäre ich dadurch dem, was ich eigentlich tun wollte, wesentlich näher, und ich wäre zumindest wieder in der Pferdebranche. Darüber hinaus wäre ich wieder mein eigener Chef, teilte mir meine Zeit selber ein und hätte wieder die Flexibilität, an der es in meinem momentanen Leben spürbar mangelte. Doch selbst damals wusste ich, dass die professionelle Hufbearbeitung nur ein Trittstein auf meinem Weg sein würde.

Etwa ein Jahr lang besuchte ich Kurse und holte mir Anleitung durch Fahrten nach Illinois und zurück, durch Fotos sowie endlose eMails und Gespräche. Ich übte an jedem Pferd, das ich in die Finger bekommen konnte. Für meine Kollegen machte ich die Hufpflege zum reduzierten Preis. Im Gespräch erfuhren meine ersten Kunden, dass ich auch Pferde ausbilden konnte. Einige baten mich, ihr Pferd für sie unter dem Sattel einzureiten. Bevor ich so recht begriff, was da vor sich ging, bearbeitete ich Hufe und bildete Pferde aus, gab meinen normalen Job recht schnell auf und war wieder in der professionellen Pferdewelt angekommen. In meiner Ausbildungspause hatte ich eine Menge gelernt, und dies kam mir jetzt sehr zugute.

Noch im selben Jahr, in dem ich mit der professionellen Hufbearbeitung begann, griff ich zu meiner ersten spirituellen Schrift, die nicht in einem religiösen Kontext stand. Ich las sie eines Nachmittags, als ich im Flugzeug saß und über die Welt unter mir nachdachte, und so kam ich mit der universellen Natur des Lebens in Berührung. Beim Durchblättern dieses ersten Buches auf meinem bewussten spirituellen Weg brach ich in unkontrollierbares Weinen aus. Dabei versuchte ich verzweifelt, die Menschen um mich herum nicht zu stören. Ich war in der Southern Baptist Church aufgewachsen und ständig mit widersprüchlichen Ideen und Informationen bombardiert worden, doch nun begegnete ich endlich Vorstellungen von der Liebe und vom Leben, die für mich einen Sinn ergaben. Ich sage nicht, welches Buch es war, das mich dafür geöffnet hat, denn heute würde ich es nicht mehr empfehlen, aber damals war es für mich der Türöffner.

In diesem Moment – die erste von vielen Offenbarungen in 30.000 Fuß Höhe, die ich im Laufe der nächsten Jahre erleben sollte –, verspürte ich eine Kraft in mir, die ich bisher komplett von Menschen und Dingen außerhalb von mir abgeleitet hatte. Ich erhielt einen allerersten Einblick, wer ich wirklich war und was ich in diesem Leben erreichen konnte. Ich konnte mir meine eigenen Erfahrungen erschaffen. Die Kontrolle, die ich dazu brauchte, war immer schon in mir gewesen.

NEUN

Kein Gebiss, keine Sporen, keine Hufeisen

»*Veränderung ist die Essenz des Lebens; sei bereit, das, was du bist, hinzugeben für das, was du werden könntest.*«

Reinhold Niebuhr

>> Du warst ein Heilungsversprechen für mein gebrochenes Herz. Aus irgendeinem dummen Grund glaubte ich, wenn ich mich dir gegenüber anständig verhielte, würde dadurch die Wunde geheilt, die der Verkauf deines Bruders gerissen hatte. Du warst sein echtes Geschwister, zwei Jahre jünger als er, und dein Fell hatte die Farbe, der ich nie widerstehen kann – Buckskin, also erdfarben mit schwarzer Mähne, Schweif

und Beinen. Ich stellte mir vor, dein tiefbrauner Körper würde verhindern, dass ich ständig an ihn denken musste, doch die Gewissheit, dass du sein genetisches Ebenbild bist, würde ihn in meinem Herzen lebendig erhalten.

Ich ritt dich nach meinen eigenen Vorstellungen ein und wandte alles an, was ich in den drei Jahren seit dem College-Abschluss gelernt hatte. Kein Metall sollte je deinen Körper berühren. Inzwischen konnte ich Hengstfohlen ohne große Bedenken mit geschlossenen Augen einreiten; und bei deinem ersten Ritt außerhalb der runden Reitbahn gingst du unter wesentlich erfahreneren Pferden über 8.000 Hektar Wiesenflächen nur mit einem Halfter. Wenn jemand auf dem Wanderritt Schwierigkeiten mit seinem Pferd hatte, dann bot ich ihm deinen Rücken an, ohne dein Alter zu nennen, und du trugst ihn sicher, während ich die Probleme mit seinem erfahreneren Pferd löste. Ich war sehr stolz auf dich. Es gab nur ein einziges Problem.

Im Alter von drei Jahren geschah etwas Schreckliches. In deinem genetischen Profil ging etwas schief, und die Erdfarbe verblasste innerhalb weniger Monate zu Grau. Wie konnte das geschehen? Selbst deine Züchterin glaubte mir nicht, bis ich ihr Fotos schickte. Du warst zu einer Kopie deines Bruders Dusty geworden. Danach konnte ich mich kaum mehr zusammenreißen oder verhindern, dass ich dich bei seinem Namen rief. Es war mehr, als ich ertragen konnte. Jedes Mal, wenn ich dich ansah, Tucker, hasste ich mich. Und was war meine Lösung? Ich verkaufte dich – sehr viel selektiver als deinen Bruder und an jemanden, der mir eine Zeitlang ein guter Freund war, den ich sehr brauchte, aber dennoch: Ich habe dich verkauft. Manche Lektionen müssen wiederholt werden, bevor man wirklich etwas aus ihnen lernt. Von meinen Pferden warst du das Letzte, das je verkauft werden sollte. «

*I*n meinem letzten Arbeitsjahr im Heimwerkermarkt ist viel passiert. Hingebungsvoll studierte ich das Pferd, insbesondere, was die Hufe anbelangte. Außerdem studierte ich das Leben. In meiner kleinen Ecke im Büro und zwischen meinen Aufgaben im Job vergrub ich mich in jedes Buch über die neuesten Erkenntnisse zur ganzheitlichen Pferdepflege, das ich in die Finger bekommen konnte. Ich hatte sehr viel nachzuholen, da schon das Wort »ganzheitlich« recht neu in meinem Wortschatz war. Wenn mir der Kopf vor Pferden schwirrte, dann schaltete ich auf Bücher über ein gelingendes Leben und darüber, wie meine Spiritualität zu verstehen sei, um, was definitiv ebenfalls ein neues Unterfangen war. Zu der Zeit kamen eines Nachmittags diese beiden Welten für mich zusammen, und fortan steuerte der Kurs meines Lebens auf ein Ziel zu, das ich mir nie vorgestellt hätte.

Auf der persönlichen Ebene hatte ich durch meine Lektüre gelernt: Wenn ich bekommen sollte, was ich mir vom Leben wünschte, musste ich mir darüber klarwerden, was ich wollte. Ich musste eine Intention festlegen. Ich brauchte einen Daseinszweck. Schon immer hatte ich gedacht, dass dies etwas war, was man herausfinden musste, als wäre es ein Geheimnis, das bereits tief in einem vergraben ist, weshalb wiederum viele Menschen einfach nicht vorwärtskommen im Leben. Tatsächlich stimmt zwar, dass es bereits in einem angelegt ist, aber es ist kein Geheimnis. Das Schöne am Menschsein ist, dass wir den freien Willen haben, uns für das zu entscheiden, wofür wir hierhergekommen sind, auch wenn wir dies auf einer seelischen Ebene bereits wissen. Dadurch, dass wir diese Entscheidung treffen, entdecken wir das »Geheimnis«, weil der Teil von uns, der weiß, was wir wollen, eben derselbe Teil ist, der schon immer versucht hat, uns von innen heraus zu führen. Meist sind wir nur viel zu sehr damit beschäftigt, auf andere zu hören, als dass wir ihn wahrnehmen könnten.

Inzwischen wusste ich, dass es in meinem Leben um etwas wesentlich Größeres ging als um Pferde, aber aus irgendeinem Grund war ich aufgerufen, mich mit ihnen zusammenzuschließen, damit ich tun konnte, wofür ich hier bin. Schon allein dies auszusprechen oder anzuerkennen, war mir in jener Lebensphase noch unheimlich, hatte ich doch gerade erst erfahren – oder mich daran erinnert, könnte man sagen –, dass ich »nach innen gehen« oder auf meinen Körper hören musste, um meine Gefühle als Indikatoren der Wahrheit in meinem Leben zu nutzen.

Es fiel mir sehr schwer, dieses sogenannte Lebensziel in Worte zu fassen, und ich hatte irgendwo gelesen, wenn die Worte schließlich kämen und tatsächlich ins Schwarze träfen, würde man häufig von seinen Emotionen überwältigt. Eines Nachmittags saß ich an meinem Schreibtisch und las eines der wichtigsten Bücher, die mir bis dahin in die Hände gefallen waren – *The Soul of a Horse* von Joe Camp –, als mir plötzlich die Worte vor Augen standen. Ich schlug das Buch zu, schnappte mir einen Stift und kritzelte die Botschaft schnell nieder:

Mein Lebensziel ist es, durch meine Erfahrung mit Pferden und mein Wissen über sie das Bewusstsein der Menschen anzuheben und sie zur Liebe zu inspirieren.

---

*G*änsehaut überzog meine Arme und Beine, und trotz aller Bemühungen, sie zurückzuhalten, liefen mir die Tränen übers Gesicht. Ich hatte keine Ahnung, wohin mich dieser Satz führen würde, aber ich wusste, wenn ich einfach im Einklang mit seiner Aussage immer weitermachte, hätte mein Leben einen Sinn, und am Ende würde alles gut. Was ich nicht eingeplant hatte, war der Hagelsturm, den das Universum über mich hereinbrechen ließ, damit ich wachsen und erkennen könnte, was »das Bewusstsein anheben« bedeutet.

Sehen Sie, ich stellte mir vor, es hieße so etwas wie »da ich so viel weiß und alle anderen so wenig wissen, musste ich diejenige sein, die sie aufklärte und ihnen half, endlich in die Pötte zu kommen«. Wie sich herausstellte, denkt man nur dann so, wenn man zuerst einmal selbst in die Pötte kommen muss. Außerdem bedeutete es, dass ich spirituell ganz und gar nicht bewusst war – ich wusste lediglich, wie man Informationen abspeicherte. Es fällt mir heute noch schwer, alle Faktoren zusammenzubringen, die erklären konnten, wie großspurig ich damals geworden war.

In den Augen vieler Menschen, auch in meinen eigenen, lief bei mir alles bestens. Meine Finanzen waren in Ordnung, ich verdiente gutes Geld, meine Freizeit verwendete ich darauf zu erlernen, was ich wirklich tun wollte, und ich tat es sogar bereits. Ich war glücklich und treu verliebt in eine erstaunliche, unterstützende und hinreißend schöne Frau, was mir ebenfalls sehr viel Aufmerksamkeit eintrug. Auch andere schöne Frauen nahmen allmählich Notiz von mir. Ich hatte meinen Traum-Pickup, einen Harley Davidson; ich war Hausbesitzerin, und ich hatte einen riesigen Freundeskreis, der dauernd etwas mit mir unternehmen wollte. Bei der Arbeit war ich sowohl bei meinen Kollegen als auch bei den Chefs extrem beliebt. Man vertraute mir. Ich wusste alles, was in unserem Laden hinter den Kulissen vor sich ging, und hatte deshalb mehr Autonomie als nötig. Nach den beschissenen Erlebnissen in der Highschool kam ich mir nun fast so vor, als würde ich die Highschool-Zeit noch einmal nachholen, außer dass ich jetzt eine übermäßig von sich selbst überzeugte Mischung aus Königin des jährlichen Absolvententreffens und Star-Quarterback war. Bedenkt man, was ich aus den Büchern, mit denen ich mich beschäftigte, allmählich begriff, hatte es eine gewisse Ironie, dass ausgerechnet dies mich in eine Situation brachte, in der mein Ego absolut außer Rand und Band geriet. Doch durch das, was ich lernte, wurde mir sogar noch mitten im Tun bewusst, was ich da eigentlich machte, und dies war mir definitiv neu. Mehr als einmal ekelte ich mich abgrundtief vor meinem eigenen Verhalten.

Kaum hatte ich mich ein paar Monate lang mit meiner falsch verstandenen Macht als Mensch ausgetobt, da brach meine perfekte kleine Welt in sich zusammen. Nachdem ich meine Stelle offiziell gekündigt hatte, um mich voll und ganz meiner neuen Tätigkeit als selbstständige Hufbearbeiterin zu widmen, verfiel ich in eine dunkle Phase voller Angst, Selbstverachtung und Gefühlen der Wertlosigkeit. Ich hatte genügend Aufträge, um Anlass zur Hoffnung zu haben, doch weil ich mit den Pferden eine neue Richtung einschlug und dazu ausgerechnet in Texas lebte, traf ich mit meinem Tun auf sehr wenig Unterstützung oder gar Akzeptanz. Damals glaubten nur sehr wenige Menschen, dass die meisten Pferde ohne Hufeisen gehen können, und einige meiner Vorschläge zur Pferdeausbildung waren noch schwerer zu schlucken. Meine Eltern hatten Angst, weil ich eine sichere Stelle gekündigt hatte. Jeder, den ich in der Pferdebranche kannte, betrachtete mich mit einer gewissen Neugier, meist wirkte es aber eher, als dächten alle, ich verlöre langsam den Verstand, weil ich mich immer weiter vom traditionellen Denken über Pferde entfernte. Meine Kollegen grinsten und sagten, in ein paar Monaten wäre ich wieder da, wenn mein Unternehmen gescheitert sei. Damit projizierten sie ihre eigenen Unsicherheiten auf mich. Brandy, meine Hufbearbeitungs-Mentorin und die wenigen Kunden, die ich bereits hatte, waren damals meine einzige echte Unterstützung. Ich rastete aus, wenn ich daran dachte, dass ich pleitegehen könnte, und zum ersten Mal in meinem Leben fing ich an, Party zu machen. Das war meine Methode, die drei unheimlichsten Monate zu überstehen, in denen ich mein Unternehmen auf die Beine stellte.

In der Highschool und auf dem College hatte ich die Phase ausgelassen, in der man ausgeht, tanzt und trinkt und coole Partys feiert, was bei der Menge Alkohol, die ich vertrug – oder eher nicht vertrug –, gut nachvollziehbar war. Drei Monate lang habe ich, wenn ich nicht bei der Arbeit war, die wildesten, besoffensten reinen Mädels-Partys geschmissen, die Sie sich vorstellen können. Ich machte immer Fotos, damit ich am nächsten Tag sehen konnte, was passiert war, denn ich konnte mich partout nicht mehr daran erinnern. Wenn wir die Fotos anschauten, dann immer unter Kichern, Keuchen und Verlegenheit, um es gelinde auszudrücken. Ich könnte ja behaupten, dass ich diese Zeit in meinem Leben tief bereue, aber das stimmt nicht. Wenn es lustig war, hat es wirklich Spaß gemacht, und wenn ich Entscheidungen traf, die mir und anderen weh getan haben, war es wirklich schrecklich, und ich habe sehr viel gelernt. In jenen Monaten habe ich die vielleicht tiefste Depression meines Lebens durchgemacht, als ich durch mein begrenztes Verständnis für gesunde Beziehungen in Verbindung mit meiner unverschämten Arroganz eine Freundin verlor, die ich sehr tief zu lieben gelernt hatte. Es war das erste Mal, dass ich wirklich schmerzhaft geknackt wurde – auf eine Art und Weise, die mein Leben verändert hat.

Nach ein paar Wochen, in denen es schon ein großer Erfolg war, wenn ich vom Bett in die Badewanne kam, ohne mich zu ertränken, lief mein Unternehmen an, und ich wurde von meinen schlechten Entscheidungen kuriert. Mein persönliches Leben habe ich wohl in vielfältigster Hinsicht sabotiert, aber wo es um Pferde ging, war ich gut. Meine Erfahrung in der Pferdeausbildung, gepaart mit meinem Abschluss in BWL, war eine gute Voraussetzung für echten Erfolg als Hufbearbeiterin. Ich konnte gut mit den Menschen, war super zu den Pferden und ausgezeichnet in meiner eigentlichen Arbeit. Ich war immer pünktlich und hielt meine dicht gedrängten Termine ein. Innerhalb nur weniger Monate verdiente ich doppelt so viel wie an meinem früheren Arbeitsplatz, und das Leben sah vielversprechend aus. Aber so leidenschaftlich ich die Hufpflege auch betrieb, mir fehlte die beziehungsbasierte Arbeit mit Pferden, deshalb schenkte ich diesem Aspekt meines Lebens wieder ebenso viel Aufmerksamkeit.

Die ganze Zeit über hatte ich nebenher Hengstfohlen eingeritten, sowohl für mich selbst als auch für ein paar andere Leute. Besaß das Pferd bereits eine Ausbildung, wollte ich nichts mit ihm zu tun haben. Ich lernte sehr viel von den Pferden, wenn ich in der Ausbildung mit einem unbeschriebenen Blatt arbeiten konnte. Das Wichtigste, was ich in dieser Zeit gelernt habe, war die Irrelevanz der Verwendung eines Gebisses im Maul des Pferdes. Junge Pferde hatte ich immer schon nur mit einem Halfter angeritten und lediglich für den letzten Schliff ein Gebiss verwendet. Doch jetzt, da meine Fähigkeiten wesentlich weiterentwickelt waren als früher, stellte ich die Richtigkeit eines Gebisses in Frage, da jedes Pferd, das ich ausbildete, auch ohne das Metall im Maul genau das tat, was ich von ihm verlangte. Normalerweise hatten wir so lange keine Probleme, bis ich zum ersten Mal versuchte, einem Pferd ein Gebiss anzulegen. Als ich das anderen Pferde-Fachleuten gegenüber ansprach, wurde ich angeschaut wie eine Verrückte. Ich fragte sogar berühmte Ausbilder, die für ihre Demonstrationen ohne Zaumzeug in der Reitbahn bekannt waren, doch auch sie reagierten mit Schrecken auf meinen Vorschlag, kein Gebiss zu verwenden.

Dies frustrierte mich sehr. Ich war mir meiner Fähigkeiten als Pferdeausbilderin inzwischen ziemlich sicher, so sehr sogar, dass es mir egal war, ob alle anderen mich für verrückt hielten. Meine Liebesbeziehung zu einer anderen Frau offen zu zeigen, hatte mir die Kraft gegeben, gegen die Massen zu bestehen. Unter der Führung anderer, die auf diesem Gebiet bereits erfolgreich waren, auf natürliche Hufbearbeitung umzusteigen, stärkte mich weiter. Mein Bauch sagte, dass Gebisse für Pferde eine schlechte Nachricht waren, und endlich war ich in meinem Leben an einem Punkt angekommen, an dem ich die Kraft und den Mut hatte, auf mein Bauchgefühl zu vertrauen. Daher verbannte ich Gebisse aus meiner Ausbildung.

Zunächst habe ich es meinen Kunden nicht gesagt. Sie wollten es ohnehin nicht hören. Ich bildete einfach ihre Pferde aus, und wenn der Kunde kam, um zum ersten Mal mit seinem frisch angerittenen Pferd auszureiten, bat ich ihn aufzusitzen, wenn nur das Seilhalfter angelegt war. Auf Rückfragen bat ich ihn einfach, mir zu vertrauen und es auszuprobieren. Jedes Mal waren die Kunden von den Ergebnissen restlos begeistert. Das Pferd tat alles, was sie von ihm verlangten, ohne Gebiss. Nachdem dies bei jedem Pferd, das ich anritt, beständig so war, entsorgte ich die letzten beiden Gebisse in meiner Sattelkammer und schwor, ich würde nie wieder eines verwenden. Es fühlte sich falsch an, einem Pferd ein Stück Metall ins Maul zu stecken, und es führte dazu, dass ich vieles in Frage stellte, insbesondere wie oft Schmerz oder die Androhung von Schmerz die Hauptkomponente war, mit der man ein Pferd dazu brachte zu tun, was man will.

Es dauerte nicht lange, und ich fand heraus, dass ich nicht die einzige war, die dies in Frage stellte – bei Weitem nicht. Mit Begeisterung erfuhr ich, dass viele Leute, die wesentlich älter und in vieler Hinsicht erfahrener waren als ich, sich für die Pferde einsetzten und damit nicht auf taube Ohren stießen. Joe Camp war so jemand, und seine Bücher hatten in der Pferdewelt großen Einfluss.

Er war meines Wissens der Erste, der Pferdebesitzern erlaubte, das Althergebrachte in Frage zu stellen und stärker auf ihr Gefühl zu vertrauen. Er stellte eine Unmenge Nachforschungen an und veröffentlichte in seinen ersten beiden Pferdebüchern, *The Soul of a Horse* und dessen Nachfolgeband, sehr wichtige Informationen. Jedem, dessen Pferd ich ausbildete, überreichte ich eine Ausgabe dieses Buches und verlangte, dass er es gelesen hatte, bevor er zur ersten Unterrichtsstunde mit seinem Pferd antrat. Diese Bücher waren für mich die Bestätigung, dass ich nicht verrückt und auch nicht die einzige war, die so dachte. Außerdem führten sie mich tiefer in ein neues Wunderland hinein, wie eine moderne Alice, die ein Mysterium immer weiter erkundete.

Mark Rashid übte damals einen prägenden Einfluss auf mich aus. Aus seinen Büchern habe ich zwei wichtige Lektionen über Pferde gelernt, und sie bestätigten mir meine Gedanken über Herdendynamik und Führungseigenschaften. Erstens lernte ich durch ihn das Konzept der passiven statt der dominanzbasierten Führung kennen. *Natural Horsemanship* beruht zum größten Teil darauf, dem Beispiel des dominanten Pferdes einer Herde in seinem Verhalten gegenüber den anderen Pferden zu folgen, um Ergebnisse zu erzielen. Marks Modell entstand durch Beobachtungen, bei denen er nicht nach Kontrolle über andere, sondern nach den Beziehungen zwischen den Pferden Ausschau hielt. Er stellte fest, dass die wahren Anführer einer Herde diejenigen Pferde waren, die die meisten Freunde hatten, die das ausgewogenste Verhalten zeigten und nicht so aggressiv waren wie das sogenannte dominante Pferd. Ich hatte dies auch in meiner eigenen Herde beobachtet und hielt es für unbedingt zutreffend. Genau aus diesem Grund hörte ich auf, meine Pferde herumzukommandieren, und suchte stattdessen ihre Kooperation. Doch das ist nicht das Wichtigste, was ich von Mark Rashid gelernt habe.

In Marks Büchern war ich zum ersten Mal auf die Vorstellung gestoßen, dass das Pferd immer recht hat. Als ich diese Worte zum ersten Mal las, habe ich sie sofort verstanden; und in allem, was ich je über Pferde sowie auch später über das sonstige Leben und den Austausch mit anderen Lebewesen gelernt habe, gibt es nicht viele Behauptungen, die wahrer sind als diese. Im Grunde besagt sie: In Anbetracht dessen, was das Pferd aus seinem individuellen Blickwinkel versteht, ist es nie im Interesse des Ausbilders, das Pferd dafür ins Unrecht zu setzen, wenn es nicht begreift, was man von ihm will. Ich habe dies sofort in meinen eigenen Ausbildungsmethoden umgesetzt, und die Ergebnisse waren unglaublich. Ich übernahm dieses Prinzip als eine meiner Grundüberzeugungen bei der Arbeit mit Pferden, und ich hatte keine Ahnung, wie relevant es in meinem Leben noch werden sollte. Nach diesem Konzept gehörten Kämpfe mit einem Pferd von nun an der Vergangenheit an, und meine neue Wirklichkeit waren jetzt Verständnis im Verbund mit Kooperation.

Meine Pferdeausbildung entwickelte sich mit Lichtgeschwindigkeit weiter, weil ich sie mit meinem wissenschaftlichen Verständnis von Pferden, wie ich es durch meine ganzheitliche Ausbildung in Hufbearbeitung gewonnen hatte, und meinen betriebswirtschaftlichen Kenntnissen verband. Auch auf meinem spirituellen Weg ging es weiter, weil ich noch mehr Weisheitsbücher las, die mir noch größere Erkenntnisse über meine Beschäftigung mit Pferden und meinen Umgang mit Menschen boten. Zum Kampf wurde nun die Trennung, die zwischen dem, was ich tagtäglich mit Pferden lernte und erlebte, und der Realität bestand, in der der Rest der Welt hinsichtlich des gesamtgesellschaftlichen Verständnisses von Pferden größtenteils lebte.

Allmählich wurde mir klar, dass wir Menschen überall auf der Welt Pferde vollkommen falsch verstehen.

ZEHN

Große Hoffnungen

»Exzellenz ist das Ergebnis, wenn man sich mehr kümmert, als andere für klug halten, mehr riskiert, als andere für sicher halten, mehr träumt, als andere für praktikabel halten, und mehr erwartet, als andere für möglich halten.«
Ronnie Oldham

》 Nachdem ich so lange nicht mehr auf deinem Rücken gesessen hatte, befürchtete ich schon, du würdest nicht mehr auf mich hören, wenn ich nun das erste Mal wieder aufsäße. Auf das, was stattdessen geschah, war ich kaum vorbereitet. In der Sicherheit unserer kleinen Weide schwang ich mich auf deinen glänzenden, starken, schwarzen Rücken und forderte dich auf, dich in Bewegung zu setzen – nur hatte ich dir nichts übers Gesicht gezogen, um dich zu kontrollieren. Zwischen dir und mir war nichts außer der Verbindung, die es nach dieser langen Zeit wohl geben würde, so betete ich. Noch nie hatte ich probiert, dich so zu reiten, und ich wusste nicht, warum es mir an jenem Tag in den Sinn gekommen war, es einmal zu versuchen.

Mir stand der Mund wahrscheinlich weit offen vor Erstaunen, als du mich über die Weide trugst, die Richtung ändertest, hieltest und rückwärts gingst – mit nicht mehr als feinen Hilfen meines Körpers. Ich hatte dies mit dir nicht trainiert. Sicher, es waren dieselben Hilfen, die ich auch bei deiner Ausbildung mit Sattel- und Zaumzeug angewandt hatte, aber jetzt trugst du nichts dergleichen, und offensichtlich wusstest du das.

Du hast trotzdem auf mich gehört. Dies brach alle mir bekannten Regeln der Pferdeausbildung, insbesondere da du nie ein wiederholendes oder kontinuierliches Training erhalten hattest, das dich hierauf vorbereitet hätte, und da ich dich seit über einem Jahr nicht mehr geritten hatte.

Ich wollte sehen, wie weit wir uns in diesem neuen Gewässer vorwagen konnten, und so verlud ich dich und brachte dich zu einer lieben Freundin, die einen großen Hindernisparcours auf ihrer Weide hatte. Alle lächelten, als ich dich lediglich mit einem Strick um den Hals ablud und mich auf den Weg zu den Hindernissen machte. Deine Leistung übertraf meine kühnsten Erwartungen, du trugst mich im Trab zwischen den Stangen hindurch, rittest rückwärts in und um die Ecken, gingst über die Wippe und sprangst dann auf die große Plattform und wieder herunter. Selbst als ich ein wenig aus dem Gleichgewicht geriet, mich zu weit nach vorne lehnte und beim Abwärtssprung mit dem Kinn an deinen Hinterkopf stieß, warst du bei mir. Mir wurde schwindlig und ich verlor meinen Sitz; du fingst dich und richtetest mich damit auf.

Ich hatte keine Erklärung dafür, was gerade geschehen war, aber jetzt brannte ich mehr denn je darauf, meine Beziehung zu dir zu verstehen. Seit über einem Jahr hatte ich dich nicht mehr geritten, und als ich das letzte Mal auf deinem Rücken gesessen hatte, warst du eindeutig nicht so geritten, nicht einmal mit Sattel- und Zaumzeug. Du hattest mir gerade einen echten Vorgeschmack auf meinen Traum gegeben, in völliger Freiheit zu reiten. Du hattest gerade so Vieles entkräftet, was ich bisher für wahr gehalten hatte. Velvet – du hattest soeben die Büchse der Pandora geöffnet. «

Im ersten Jahr, in dem ich professionelle Hufbearbeitung anbot, erhielt ich eine Einladung, durch die ich in jedem Bereich meines Lebens atemberaubend schnell und viel lernen sollte. Ein anderer Hufpflegespezialist bat mich, mit ihm und etwa zehn weiteren Kollegen zu einer Tagung ganzheitlich arbeitender Pferdepflege-Experten und -Befürworter zu kommen, auf der wir besprechen wollten, wie wir die Öffentlichkeit auf unseren verschiedenen Fachgebieten besser erreichen und aufklären konnten. Ich scheute mich hinzugehen. Ich glaubte nicht, dass ich zu einer solchen Gruppe gehörte, weil ich ja in meiner Auseinandersetzung mit vielen dieser Themen noch ganz am Anfang stand und befürchtete, ich hätte dazu nicht viel zu sagen. Eine damalige Freundin und Kundin ermutigte mich, trotzdem hinzugehen, und ihr Drängen sowie mein starkes Bauchgefühl, dass ich es zutiefst bereuen würde, wenn ich nicht ginge, bewirkten schließlich meinen Entschluss zur Teilnahme. Ich war sehr nervös, und ich war mit großem Abstand die Jüngste.

Zu dieser Versammlung kamen einige in Texas sehr bekannte Hufpflege-Fachleute, darunter auch eine Frau, die als eine der ersten galt, die die natürliche Hufbearbeitung ursprünglich nach Amerika gebracht hatten. Dabei war außerdem ein Pferdeausbilder und Futterentwickler aus Australien, der zu einem meiner wichtigsten

Lehrer werden sollte. Ich empfand große Ehrfurcht vor ihm. Er war nicht nur ein Fürsprecher des gebisslosen Barhufreitens und völlig gegen die Verwendung von Metall beim Pferd, ganz gleich aus welchem Grund, sondern hatte außerdem ein geniales und wissenschaftlich fundiertes Pferdefutter entwickelt, das recht erstaunliche Ergebnisse erzielte. Doch was mich so für ihn einnahm, war etwas anderes: In seiner Redezeit erzählte er uns die Geschichte, wie er seinem Geburtsland Lebewohl gesagt und Amerika zu seinem neuen Zuhause gemacht hatte. Bevor er Australien verließ, nahm er das Pferd seiner Tochter auf einen wunderbaren mehrtägigen Ritt entlang der Küste mit – die ganze Zeit völlig ohne Sattel und Zaumzeug. Als ich diese Geschichte hörte, stockte mir der Atem. Er hatte gerade meine kühnsten Fantasien beschrieben, einen Traum, den ich bisher nur in Gedanken für möglich gehalten und niemals laut ausgesprochen hatte.

Reiten ohne Zaumzeug, für die meisten Menschen waren dies bisher die inzwischen berühmten Ritte bei Reining-Wettkämpfen in einer Reithalle. Ich gebe zu, als ich zum ersten Mal sah, dass eine Frau so auf einem wunderschönen schwarzen Pferd ritt, fand ich das genauso aufregend wie alle anderen auch. Durch meine Erfahrung als Ausbilderin kannte ich aber auch die Wahrheit hinter solchen Situationen. Diese Pferde waren durch Wiederholung so stark konditioniert, dass das Reiten ohne Zaumzeug reine Show war. Es war nicht echt, und es sagte nichts über die Beziehung zwischen Pferd und Reiter aus. Es war aus exakt dem gleichen Grund möglich, warum man ein erfahrenes Tonnenreitpferd in der Reithalle, in der die Tonnen aufgestellt waren, einfach laufen lassen konnte und das Pferd das Pattern, also die Abfolge der beim Tonnenreiten verlangten Manöver, selbstständig absolvierte, sogar ohne Reiter auf dem Rücken. Das soll nicht heißen, dass zwischen den Pferden und

ihren Reitern keine Beziehung bestand; es heißt lediglich, dass die Tatsache, dass die Reiter keine Ausrüstung in Händen hielten, in dieser bestimmten Situation gar nichts bewies, und dass man dieselben Pferde auf öffentlichen Reitwegen nie so sah. Mein Traum war zu beweisen, dass Pferde tatsächlich in jeder Situation ohne Ausrüstung zu reiten waren, allein dadurch, dass man seine Beziehung zu ihnen beherrscht; und dieser Mann hatte mir gerade gesagt, dass dies nicht bloß ein Hirngespinst von mir war. Es war möglich, und er hatte es getan. Auch meine Stute bewies es mir schon sehr bald danach.

Dies war nur ein Teil von dem, was ich an jenem lebensverändernden Tag mitgenommen habe. Unsere Gastgeber bei dieser

Tagung waren drei unglaubliche Frauen – insbesondere eine, aber alle waren Hüterinnen und Verwalterinnen einer großartigen Ranch im Norden des texanischen Berglands. Mit solchen Menschen war ich bisher noch nicht bewusst in Berührung gekommen. Jede war auf ihre Weise wie eine Medizinfrau, und manchmal fiel es mir schwer, dem Gespräch zu folgen, weil ich von ihrer Gegenwart einfach zu hingerissen war. Sie verkörperten Weisheit und eine Stille, wie ich sie so direkt noch bei keinem anderen Menschen und ganz gewiss nicht bei mir selbst erlebt hatte. Ich wusste nicht, über welchen Zauber sie verfügten, aber ich wusste, dass ich ihn in meinem eigenen Leben dringend auch brauchte, und wollte sie kennenlernen.

An jenem Tag musste ich mich früh von der Tagung verabschieden, um einen Hufbearbeitungstermin wahrzunehmen. Daher verpasste ich die Gelegenheit, mit ihnen zu sprechen. Zu einer Frau fühlte ich mich an jenem Tag ganz besonders hingezogen, und als ich von diesem neuen Freundeskreis wegfuhr, verspürte ich den Drang, mich umzudrehen. Also drehte ich mich auf dem Fahrersitz meines Pick-ups um und sah, dass sie mich direkt an-, ja fast in mich hineinschaute. Es war, als hätte ein Austausch zwischen uns stattgefunden, als verspürten wir gegenseitig den Wunsch, miteinander Verbindung aufzunehmen. Mir war beinahe, als hätten wir eben ein kurzes wortloses Gespräch geführt und würden uns sehr bald wiederbegegnen. So etwas hatte ich noch nie erlebt, wohl aber über derartige Dinge gelesen, und ich schüttelte bloß den Kopf und lächelte, weil die Theorien, die ich für mich allmählich als Wahrheit erkannte, sich unmittelbar vor meinen Augen offenbarten.

Schon bald danach kamen wir tatsächlich miteinander in Kontakt, und ich vereinbarte mit ihr, dass Brandy und ich mit unseren Pferden auf die Ranch kommen sowie über Nacht bleiben und reiten konnten. Es war ein zauberhaftes Wochenende. Ich nahm mir ein wenig Zeit, um diese Frauen kennenzulernen, lernte aber insbesondere die Frau kennen, zu der ich am Ende der Tagung die Verbindung verspürt hatte. Sie hatte eine junge Stute, die sie unter dem Sattel eingeritten haben wollte, und ich hatte Wissensdurst auf vielen Gebieten, auf denen sie Kenntnisse besaß, daher schlossen wir einen wunderbaren Tauschhandel, und mein Leben begann sich zu verwandeln.

Durch die Ranch wurde ich mit spirituellen Überlieferungen in vielen Bereichen bekannt gemacht, doch vorerst lernte ich vor allem etwas über Ernährung und erhielt Beratung, wie ich Blockaden in der Beziehung zu mir selber auflösen konnte.

Eines wusste ich mit Sicherheit – an dem Zauber dieses Ortes wollte ich teilhaben. Diese Gelegenheit bot sich mir dann auch ein Jahr später, und meine Liebe und ich gesellten uns zu den vielen Menschen aus aller Welt, die diese Ranch als einen sicheren Zufluchtsort betrachten, als ein Zuhause weit weg von daheim, für alle, die leidenschaftlich gern eine freundlichere, sanftere Welt erschaffen möchten.

ELF

Der Weg offenbart sich

»Alle Wahrheit durchläuft drei Stufen. Zuerst wird sie lächerlich gemacht. Dann wird sie bekämpft. Und schließlich wird sie als selbstverständlich angenommen.«

Arthur Schopenhauer

>> Der Anruf wegen dir kam eines späten Abends. Die Frau am anderen Ende der Leitung klang, als leide sie sehr und wisse nicht recht, was sie tun solle. Du hattest Schmerzen, und der Gedanke, dich zu verlieren, trieb sie dazu, eine Lösung außerhalb ihrer Komfortzone zu suchen. Jemand hatte ihr gesagt, ich könne dir vielleicht helfen, aber sie war sich nicht sicher.

Deine Hufe brannten, und das Stehen fiel dir schwer. Ich war nicht sehr erfahren; du warst der erste Fall von akuter Hufrehe, der seinen Weg zu mir gefunden hatte, aber ich war bereit. Selbstsicher sagte ich ihr, ich könne dir helfen, aber sie müsse mir vertrauen und meine Anweisungen strikt befolgen. Du warst so wunderschön, früher wärst du mein absolutes Traumpferd gewesen, und ich war fest entschlossen, dir das Leben zu retten.

Als die Röntgenaufnahmen ein paar Wochen später eine Hufbeinrotation von 12 bis 15 Grad in beiden Vorderhufen zeigten, verlor sie die Hoffnung. Die Tierärzte, mit denen sie gesprochen hatte, hatten das Todesurteil über dich gesprochen: Dein Schmerzniveau sei zu hoch, und es sei gütiger, dich einzuschläfern. Sie hatte mir nicht genug Zeit gelassen. Ich konnte dir immer noch helfen. Unter Tränen rief sie mich an, um mir zu sagen, dass sie dem Rat der Ärzte folgen und dich loslassen würde. Ich bat sie inständig, dich mir zu geben und mir zu erlauben, dass ich dich mit nach Hause nehme. Du würdest mein, und ich würde dich heilen. Sie sagte ja.

Am nächsten Morgen war ich da – nervös, aber zuversichtlich, dass ich mein Versprechen dir und ihr gegenüber würde halten können. Nach ein paar Wochen bei mir legte ein Abszess unter der Sohle die Spitzen deiner Hufbeine frei.

Ich war entsetzt, aber dir ging es zusehends besser und der Grad deines Wohlbefindens war vertretbar. Weitere Wochen vergingen, und meine akribische Pflege deiner Hufe sowie der Umgang mit dir zeigten erste Erfolge. Du konntest ohne deine Krankenhufschuhe bequem gehen. Dann konnte ich dich mit den anderen Pferden raustreiben. Schließlich kam der Tag, an dem ich glaubte, dass es nun an der Zeit für eine Nachuntersuchung bei einem anderen Tierarzt war.

Die neuen Röntgenaufnahmen zeigten keine Rotation. Wir hatten es geschafft! In acht Monaten hatten wir dir ein neues Paar Hufe wachsen lassen können, was die Experten widerlegte. Deine Ergebnisse und deine Geschichte wurden veröffentlicht. Ich behielt dich und verwendete viel sanftere Methoden als in deinen

Tagen als Westernpferd, und du hast vielen Menschen etwas über das Reiten ohne Gebiss beigebracht. Mehr noch, du hast dies alles auf Hufen getan, die zuvor dein Todesurteil gewesen waren und nun völlig schmerzfrei über felsigen Grund stapften. Für jeden Menschen, der dich kennengelernt und erlebt hat, hast du die Welt verändert. Du hast mir deinen Namen verraten, noch bevor ich bereit war zuzuhören, und nun, Travis, werde ich dich dein Leben lang beschützen und für dich sorgen. «

Ich wollte doch nur mehr über Beziehungen zu Pferden und darüber lernen, was möglich war, wenn sie im Mittelpunkt der Ausbildung standen, doch inzwischen war ich eine recht bekannte kleine Hufbearbeiterin geworden. Mein Geschick im Umgang mit Menschen, Pferden und Geld ergaben eine sehr erfolgreiche Kombination, und in meinem zweiten Jahr als professionelle Hufbearbeiterin konnte ich keine neuen Kunden mehr annehmen. Im Durchschnitt bearbeitete ich 15 bis 17 Stunden am Tag Hufe, und das war toll, aber so hatte ich mir mein Leben nicht vorgestellt. Ich sage dies nicht ohne Dankbarkeit für alles, was damit verbunden war, und wie so oft im Leben stellte sich heraus, dass ich dadurch, dass ich nicht tun konnte, was ich meiner Meinung nach unbedingt tun wollte, von einem schweren Fehler abgehalten wurde.

Ich hielt den Kontakt zu dem Futterentwickler, den ich bei der Tagung auf der Ranch kennengelernt hatte, aber ich hatte nicht die Zeit, als sein Protegé von ihm zu lernen. Stattdessen schlug ich einer Freundin vor, sie solle es einmal mit ihm probieren, was dazu führte, dass er sie schließlich eine Zeitlang unter seine Fittiche nahm. Zugegeben, ich war ein wenig neidisch, aber vorerst musste ich mich auf mein Geschäft konzentrieren, und mit dem, was ich bereits tat, half ich ja schon sehr vielen Pferden. Irgendwann würde ich wieder eine Ausbildung beginnen, und bis dahin konnte ich indirekt von ihnen leben. Dennoch würde ich so oft wie möglich vorbeischauen, um nebenher so viel zu lernen, wie ich nur konnte, und ich wandte alles, was mir interessant erschien, auf meine eigenen und die Pferde an, die ich zu Hause ausbildete.

Außerdem waren wir mit den Frauen auf der Ranch in Verbindung geblieben, und nach einem Jahr hatten wir beide den Wunsch, in ihrer Nähe zu leben und partnerschaftlich mit ihnen zusammen mit Pferden zu arbeiten. Das Universum muss uns gehört haben, denn schon am nächsten Tag riefen sie uns an und ließen uns wissen, dass eines ihrer Mietobjekte ein paar Kilometer weiter überraschend frei geworden war. Wir zögerten keinen Augenblick, und wieder einmal verließen wir meine Heimatstadt, um ein neues Abenteuer zu wagen. Alles fügte sich zusammen. Brandy und ich zogen in ein schönes altes Farmhaus, und ich konzentrierte mich wieder stärker auf die Ausbildung und verringerte meine Verpflichtungen in Sachen Hufbearbeitung.

Ich hatte allen meinen Kunden von dem Australier und seinem geradezu magischen Umgang mit Pferden erzählt. Außerdem fing ich an, sein Futter zu verkaufen. Da ich nicht direkt mit ihm zusammenarbeiten konnte, bot ich ihm an, auf meiner Ranch eine Sprechstunde einzurichten, an der ich teilnehmen könnte. Ich war zutiefst überzeugt von seinen Methoden und Worten, genau wie bei den anderen vor ihm, die anscheinend sehr viel mehr wussten als ich. Doch während einer seiner Sprechstunden murmelte eine Teilnehmerin, die zufällig auch eine Hufpflege-Kundin von mir war, bei einer seiner Demonstrationen wütend etwas vor sich hin. Zunächst verhielt ich mich ihr gegenüber abwehrend, weil sie den Mann in Frage gestellt hatte. Er hatte

getan, was meines Wissens kein anderer vermochte, aber ein Teil von mir musste ihr einfach zuhören – und zustimmen. Einerseits behauptete er, der Schlüssel zu einer Beziehung zu Pferden und Verständnis für sie läge darin, allen Stress zu vermeiden und ihnen niemals Schmerzen zuzufügen, und doch wurde von uns verlangt, dass wir ihnen Knotenhalfter anlegten und sie in Reitbahnen laufen ließen sowie die Arbeit oft wiederholten. Vieles, was er sagte, war absolut sinnvoll, und ich habe von diesem Mann sehr viel Fachwissen über Pferde gelernt, aber sie hatte recht. Sein Handeln stand in direktem Widerspruch zu seinen Worten. Hier hatte sich gerade eines der großen Muster in meinem Leben offenbart, doch bis ich es auch selbst erkennen konnte, sollte es noch ein Weilchen dauern.

Das Pferd, das ich zu dieser Sprechstunde mitgebracht hatte, war meine bisher größte Herausforderung. Er war mit dem Namen *Norman Bates* zu mir gekommen. Weil ich fand, dass dieser Name für den, der er meiner Meinung nach sein konnte, kontraproduktiv war, änderte ich ihn in *Harmony*. In Kombination mit den ganzen Fragen, die mir im Kopf herumgingen, was denn nun in der Pferdeausbildung tatsächlich galt, führte *Harmony* zu einer großen Veränderung. Als ich ihn bekam, war er ein gefährliches Pferd. Er war vom Tierschutz aufgelesen worden, weil er als Hengst ausgebüxt war und die Straßen unsicher gemacht hatte. Er war mindestens zehn Jahre alt, sehr aggressiv gegenüber Menschen und sehr wütend. Er erinnerte mich an den Hengst in dem Film *Buck – Der wahre Pferdeflüsterer*, aber ich würde ihn ganz bestimmt nicht umbringen. Stattdessen hörte ich ihm zu. Alles, was ich als Ausbilderin wusste, funktionierte bei ihm nicht, aber wenn ich nicht nachgab oder Befehle erteilte, erzielten wir Ergebnisse. Schließlich lud ich jeden Sonntag Leute ein, die mir bei der Arbeit mit ihm zuschauen sollten, weil ich so hin und weg war von dem, was dabei passierte, und wollte, dass die Leute es sähen. Ich hatte keine Ahnung, wie ich erklären sollte, was zwischen mir und diesem Pferd vor sich ging, doch das Publikum gab mir die Möglichkeit zu reflektieren, was ich erlebte, und es bot mir auch die Chance, die Fähigkeiten im Umgang mit ihm zu entwickeln, die ich brauchen würde, wenn ich die bekannte Kursleiterin und Ausbilderin werden wollte, die mir vorschwebte.

Keine meiner Trainingsmethoden funktionierte. Ich konnte ihn den ganzen Tag bewegen, aber nie gab er nach. Doch wenn ich mit ihm sprach und ohne alle Ansprüche versuchte herauszufinden, was in ihm vorging, dann ließ er stets zu, dass ich mich ihm näherte und mit der Arbeit anfing. Ich hatte etwa acht Mal mit ihm auf diese Weise gearbeitet, bevor ich ihn in die Sprechstunde mitbrachte, und sehr Vieles, was ich mit ihm bis dahin erlebt hatte, stand im Widerspruch zu dem, was uns an diesem Wochenende beigebracht wurde. Einmal schob mich der Kursleiter tatsächlich beiseite und übernahm mein Pferd. Dabei tadelte er mich vor Publikum und versuchte mir in meiner Selbstgerechtigkeit einen Zahn zu ziehen. Auch er konnte bei *Harmony* keine besseren Ergebnisse erzielen. Ich war sehr durcheinander, aber ich war auch gezwungen, meine eigene Erfahrung gegen die der Menschen abzuwägen, deren Wissen und Erfahrung ich vertraute. Es war eine sehr wichtige Lektion für mich, besonders im Hinblick auf das, was danach kam.

Eine Zeitlang experimentierte ich einfach mit den Pferden, mit denen ich im Moment arbeitete. Vergessen Sie gebissloses Reiten – jetzt ging es mir nur noch darum, komplett auf das Zaumzeug zu verzichten und lediglich mit einem Halsring zu arbeiten. Das ist nichts Neues in der Pferdewelt, zumindest nicht als Demonstration in der Ausbildung, aber die meisten Pferde werden auf einen Halsring herunterkonditioniert und zunächst nicht nur damit geritten. Beim Ausreiten sah man so etwas ohnehin nie. Aber genau das wollte ich. Ich wusste, dass es möglich war, und ich wollte, dass die Leute erlebten, was ich dadurch gewann, dass ich nicht versuchte, den Kopf des Pferdes zu lenken. Es war eine völlig andere Ebene der Freiheit und zeigte anschaulich, dass die Beziehung zwischen dem Pferd und einem selbst gefestigt war. Ich war überzeugt, dass wir aufgrund unserer Beziehung und nicht aufgrund einer Ausbildung Pferde auf freundliche und sanfte Art und Weise reiten konnten.

Um diese Zeit herum wurde sehr viel Fachliteratur veröffentlicht, die aufzeigte, welche Schäden durch den Einsatz von Gebissen und Hufeisen bei Pferden verursacht werden. Ich war begeistert, dass ich Bücher und Artikel zum Thema haben konnte, die von Menschen mit den richtigen Referenzen verfasst worden waren und außerdem das Publikum fanden, um tiefgreifende Veränderungen herbeizuführen. Je mehr Beweise es gäbe, die zeigten, was wir den Pferden tatsächlich antaten, damit sie sich unseren Wünschen fügten, desto besser stünden die Chancen für eine freundlichere Welt für die Pferde und bessere Beziehungen zwischen ihnen und uns. Etwa um diese Zeit tappte ich auch tief in die selbstgerechte Falle von Recht und Unrecht.

Damals definierte ich Wahrheit ein wenig anders. Wahrheit beruhte für mich auf Tatsachen, und Tatsachen waren absolut. Wenn man Pferden Schaden zufügte, hatte man meiner Meinung nach unrecht und musste etwas anders machen. Heute und in Anbetracht des Schadens, den ich damit unwissentlich angerichtet habe, kommt mir dies sehr dumm vor. Damals habe ich viele Freunde und Kunden verloren, denn selbst wenn jemand dem zustimmte, was ich sagte, wollten sich doch nicht viele bieten lassen, *wie* ich es sagte. Wenn ich mich als Autorität aufspielte und ihnen das Gefühl gab, dass sie Unrecht hatten – war ich dann bloß blind für das, was doch eigentlich auf der Hand lag? Schließlich wusste ich, dass man genau dies mit Pferden nicht macht, wenn man will, dass sie sich anders verhalten.

Eines Tages gab mir eine der Frauen von der Ranch eine DVD in die Hand, die meine Welt auf den Kopf stellen sollte. Es war ein Dokumentarfilm mit dem Titel *Der Weg des Pferdes.*[*] Ich erkannte den ersten Namen in der Liste der Ausbilder, die für den Film interviewt worden waren. Es war Mark Rashid, der mir damals von allen berühmten Ausbildern, die ich kannte, der liebste gewesen war. Von den anderen kannte ich keinen einzigen, zumal zwei Ausländer waren. Ich nahm den Film mit nach Hause und setzte mich mit ihm hin: Es sollte eine der folgenschwersten Stunden meines Lebens werden.

---

[*] Inzwischen ist der Film als Original mit deutschen Untertiteln in voller Länge auf YouTube zu sehen. – *Der Verlag*

ZWÖLF

Die Befreiung

> »Vielleicht gibt es einen Ausweg aus dem Käfig, in dem du lebst. Vielleicht kannst du einmal etwas Licht hereinlassen. Zeig mir, wie tapfer du sein kannst.«
>
> *Sara Bareilles*

» Vor drei Monaten war ich dir nur kurz begegnet, doch ich habe damals schon erkannt, dass du genau der Richtige sein könntest, um meinen großen Traum wahr werden zu lassen. Natürlich brauchte ich die Erlaubnis deiner Hüterin, die sie mir großzügig erteilte, nachdem ich bewiesen hatte, dass ich in der Lage war, mein Verlangen nach dir hintanzustellen.

Ich kam wieder, um dich zu besuchen, und konnte kaum an mich halten. Ich schlang meinen schicken neuen Halsring um deinen Hals und stieg auf deinen Rücken. Du trugst mich in die Berge, durch Flüsse und schließlich zur Küste und in die Wellen und zeigtest mir einige der schönsten Landstriche, die die Erde zu bieten hat. Einheimische und Touristen schauten uns mit großen Augen nach, als ich auf dem wunderschönen und völlig nackten Pferd an ihnen vorbei ritt. Deine einzigen Attribute waren ein individuell handgefertigtes Seil, das locker um deinen Hals hing, und das Mädel auf deinem Rücken, die so strahlend lächelte, dass ihr allmählich das Gesicht wehtat.

Mein Traum war wahr geworden. Ich ritt in absoluter Freiheit, ohne Sattel und Zaumzeug, in unvorhersehbaren Situationen und Gelände aller Art, auf einem Pferd, das ich kaum kannte. Dies war eine Aufgabe, die in diesem Umfang noch nie von dir verlangt worden war, und du warst tadellos. Alles, was ich für möglich gehalten hatte, wurde an jenem Tag Wirklichkeit. Es war einer der großartigsten Momente, die ich je auf dem Rücken eines Pferdes erlebt habe, und ich bin dir für dieses Geschenk sehr dankbar. Auf dem letzten Strandstück warf ich die Hände in die Luft und schaute zum Himmel, weil ich mir sicher war, dass das Leben nicht schöner sein konnte als so, wie ich es an jenem Tag erlebt hatte. Es war ein seltenes Erlebnis dauerhaften Glücks, und ich konnte tagelang nicht aufhören zu lächeln.

Einen Monat später war alles anders.

Ich holte die Bilder hervor, die uns beide an jenem Tag am Strand zeigten, und sah die Wahrheit. Ich sah einen lächelnden, glücklichen Menschen auf einem gefügigen und schönen weißen Pferd, aus dessen Augen oft Unbehagen sprach und dessen Gesichtsausdruck nie zu meinem passte. Ich sah die Trennung zwischen meinen Gefühlen und deinen. Ich sah, warum es so wichtig ist, dass ein Reiter immer nur den Hinterkopf des Pferdes sehen kann und nicht sein Gesicht. 《

Tatsächlich sollte es zwei Jahre dauern, bis ich so viel Bescheidenheit entwickelt hatte, dass ich mir Anleitung suchte für das, was ich in *Der Weg des Pferdes* gesehen hatte. Einerseits war ich begeistert und staunte, als am Ende des Films Leute wie Alexander Nevzorov vorgestellt wurden. Andererseits war er auch nur wieder ein Meister, der mich eines Tages sicher irgendwie im Stich lassen würde. Bestimmt war er wie alle anderen auch – voller innerer Widersprüche –, aber ich bekam einfach nicht aus dem Kopf, was ich in seinem Umgang mit Pferden gesehen hatte. Ich hörte mir an, was andere über ihn zu sagen hatten, über die angebliche Strenge und Dogmatik seiner Schule. Man verglich sie mit einer Sekte. Daher beschloss ich, ihn einfach als Beweis dafür zu betrachten, dass stimmte, was meiner Meinung nach möglich war, dieses aber selbst herauszufinden.

Meine Ausbildung und das Reiten ohne Zaumzeug liefen sehr gut. Ich konnte immer mehr Pferde ohne Ausrüstung an ihrem Kopf reiten, und es gab kaum etwas, was sich mit diesem Gefühl vergleichen ließ. Allerdings hatte ich kein Pferd, das ich auf diese Weise eingeritten hatte, und so stellte ich stets die Authentizität unserer Verbindung in Frage, weil ja tatsächlich alle Pferde vorher mit Ausrüstung geritten worden waren. Es war erstaunlich für mich, wie wenige Menschen überhaupt Interesse am Reiten ohne Zaumzeug hatten. Ich verstand ihre Angst, begriff aber nicht, dass sie den Widerspruch zwischen einer guten Beziehung und dem Anlegen einer Ausrüstung zur Kontrolle des Pferdes nicht sehen wollten. Hob das eine das andere nicht auf? Mit dem Wissen, dass ich Pferde einzig und allein aus dem Grund dazu bringen konnte zu tun, was ich wollte, weil ich einen Ausrüstungsgegenstand hatte, mit dem ich es durchsetzen konnte, wollte ich Pferde nicht mehr reiten. Ich wollte eine echte Beziehung, ich wollte Verbindung, und ich wollte, was alle anderen zu haben behaupteten – ein Pferd, das geritten werden WOLLTE. Ich war auf einer Mission, die Wahrheit in meinem Leben zu entdecken, und bislang war die Wahrheit kaum in den Griff zu kriegen gewesen. Doch je mehr ich mich in meiner Ausbildungsarbeit in diese Richtung bewegte, desto erstaunlicher waren die Ergebnisse.

Mit mehreren Freunden und meiner Hufpflege-Mentorin ging ich in jenem Jahr zu einem ganzheitlichen Pferde-Symposion in St. Louis. Dort lernte ich sehr beeindruckende Menschen aus aller Welt kennen, die an der Spitze der neuesten Erkenntnisse über Pferde standen. Auch Alexander Nevzorov war da – zumindest in Form seines Buches –, und ich riet meinen Freunden von dieser Zeitverschwendung ab. Ich hatte inzwischen erfahren, dass er Pferde nicht mehr ritt, und wenn man seiner Schule angehören wollte, musste man das Reiten aufgeben. Zur Hölle mit mir, wenn ich das Reiten aufgab, nachdem ich gesehen hatte, wie *er* reiten konnte. So wollte ich auch reiten können, und ich kam zu dem Entschluss, dass ich nur dann tun konnte, was ich wirklich wollte, wenn ich mit einem Baby anfing und es von Anfang an ohne Zaumzeug ausbildete. Ich wollte aber nicht irgendein Pferd; ich wollte einen Hengst. Was die Pferdezucht anbelangt, war ich hin- und hergerissen, aber ich dachte daran, meine Stute decken zu lassen, damit ich das Hengstfohlen bekäme, das ich wollte, und ich hatte bereits begonnen, mich nach Deckhengsten für sie umzusehen. Ich weiß nicht, was ich mir dabei gedacht habe. Nein, eigentlich weiß ich genau, was ich dabei gedacht habe, nämlich nur an mich. Vergessen wir einmal, dass ich mein Pferd mit dem Samen eines anderen Pferdes, dem sie noch nicht einmal begegnet war, würde künstlich befruchten lassen – die Chancen standen ohnehin nur fifty-fifty, dass ich ein Hengstfohlen bekommen würde. Das Universum hatte dies dankenswerweise bereits bedacht, aber es sollte noch ein paar Monate dauern, bis sich die Lösung einstellte.

In der Zwischenzeit verfolgte ich alle Informationen über Nevzorov im Internet. Ich hatte alle Videos gesehen, die ich ausfindig machen konnte, und eine seiner Repräsentantinnen bei Facebook entdeckt. Mit ihr begann ich ein Gespräch, das sich über Jahre fortsetzen und schließlich zu einer Freundschaft entwickeln sollte. Mit der Vorstellung, nicht mehr zu reiten, kam ich einfach nicht zurecht. Ich meine, wer war ich denn ohne meine reiterlichen Fähigkeiten? Wir unterhielten uns oberflächlich über das Angebot der Schule, und dann lief ich wieder weg, um weiterhin selber zu experimentieren. Ich wandte mich stattdessen einem anderen Ausbilder aus dem Film zu, einem Mann namens Klaus Ferdinand Hempfling.

Hempflings Philosophie sprach mich an, aber es gab Fotos mit Gebissen und Hufeisen, und angesichts meines mittlerweile erworbenen Wissens über diese Dinge und den Schaden, den sie anrichten, konnte ich damit keinesfalls einverstanden sein. Im Grunde hieß dies, wenn in irgendeiner Weise Metall oder Seilhalfter mit Knoten über Druckpunkten am Pferd verwendet wurden, konnte ich jemandem nicht mehr abnehmen, dass er nicht Schmerz oder die Drohung mit Schmerz einsetzte, um das Pferd zu kontrollieren. Außerdem war die Körpersprache, die eingesetzt wurde, zum großen Teil eine subtile Form der Lenkung, mit der ich bereits Erfahrung hatte. Darüber hinaus war es sehr teuer, bei Hempfling zu lernen, wohingegen ich inzwischen erfahren hatte, dass Nevzorovs Schule kostenlos war. Dies war ein schwerwiegender Punkt. Was ich suchte, waren Ehrlichkeit und Integrität, und ich konnte mir nichts Ehrlicheres vorstellen, als sein Wissen kostenfrei anzubieten. Es gab immer noch Dinge, die mich ein wenig störten, aber in zunehmendem Maße führten für mich alle Wege zu Nevzorov.

Dann wandte ich mich einem anderen Buch zu, das ich bei dem Symposion in St. Louis gesehen hatte – *Freunde fürs Leben: Ehrliche Partnerschaft mit deinem Pferd* von Michael Bevilacqua. Das war wirklich ein Volltreffer. Zum ersten Mal erlebte ich, dass jemand eine Geschichte ganz ähnlich meiner eigenen erzählte, einschließlich der Frustration eines professionellen Ausbilders auf der Suche nach der Wahrheit und der Erkenntnis, dass eine Beziehung nicht übertragbar sein konnte. Als offizieller weltweiter Repräsentant der Nevzorov Haute Ecole (NHE, der Hohen Schule von Nevzorov), zeichnete er außerdem ein anderes Bild von Alexander, und endlich wurde mir bewusst, wie arrogant es von mir war, mich nicht einmal damit zu beschäftigen. Ich beschloss, auf der Stelle Alexander Nevzorovs Buch zu lesen. Es war überwältigend, und es leuchtete mir absolut ein. Sicher, es war konfrontativ und kontrovers – doch ich war bereit, mein Ego zumindest solange hintanzustellen, wie ich von ihm lernen konnte. Er kombinierte die neuesten wissenschaftlichen Erkenntnisse über Pferde mit der Geschichte von der Beziehung zwischen Mensch und Pferd, um zu einer sehr überzeugenden Argumentation gegen unsere moderne Nutzung dieser Tiere zu gelangen. Dennoch wehrte ich mich immer noch dagegen, der NHE-Schule beizutreten, weil ich glaubte, ich bräuchte sie nicht, und weil ich immer noch nicht daran dachte, das Reiten aufzugeben.

Außerdem wollte ich nach wie vor einen Hengst, den ich mit den neuen Methoden, die ich erlernte, ausbilden könnte, damit ich eine Partnerschaft mit ihm eingehen und mir einen Namen als Ausbilderin ohne Zaumzeug und in völliger Freiheit machen konnte. Nevzorov hatte einen Hengst – ich hatte bereits einen Zuchthengst für Velvet ausgesucht, aber ich war offen für andere Optionen. Ganz sicher war ich mir hingegen, dass ich ein unberührtes Pferd wollte, mit dem ich ganz von vorne anfangen konnte und das noch keinerlei Ausbildung hatte. Die Lösung kam am nächsten Morgen in meinen eMails nach einem sehr kraftvollen Traum.

DREIZEHN

Die Todes-Karte

»Dein Atem hat meine Seele berührt, und ich sah über alle Grenzen hinaus.«

Rumi

>> Anhand des Fotos und der Beschreibung, die ich erhielt, war ich mir nicht sicher, was ich von dir halten sollte: Du warst älter, als ich wollte, sowie eine elegantere und feinere Züchtung, als ich mir erhofft hatte. Ich kam, um dich unvoreingenommen kennenzulernen, unbedingt bereit, wieder zu gehen, wenn du nicht der Richtige wärst. Doch dies spielte überhaupt keine Rolle. Sobald unsere Augen sich trafen, brannte sich die wilde Kraft deiner Seele geradewegs der meinen ein, und das war's. In einem Augenblick war mein Schicksal besiegelt, und mein vermeintlicher Lebensweg schlug einen wilden Haken. Da du zur Hälfte Ägyptischer Araber warst, beschloss ich, dich nach dem ägyptischen Schicksalsgott Shai zu benennen. Ich wette,

du hast mich mit einem wissenden Lächeln ausgelacht. Im Laufe der nächsten Monate hatte es noch oft den Anschein, als würdest du über mich lachen.

Als wir uns kennenlernten, warst du nur Haut und Knochen, aber du warst nicht schwach; und innerhalb weniger Wochen war dein Körper wieder muskulös und dein Fell glänzte. Ich hatte noch nie ein Pferd gesehen, das sich so bewegte wie du, als müsste die Erdanziehungskraft doppelt so hart arbeiten, um dich am Boden zu halten. Immer, wenn ich deine Welt betrat, raste mein Herz, weil deine Energie überall um mich herum explodierte. An manchen Tagen fragte ich mich, ob ich in deiner Mitte jemals wieder zur Besinnung kommen oder normal atmen könnte. Nichts, was ich auf dem Rücken eines Pferdes je erlebt hatte, war mit dem Adrenalinrausch zu vergleichen, wenn ich deiner rohen Kraft am Boden so nahe war. Ich hatte nichts, was mir Sicherheit geboten hätte, außer deiner Wahrnehmung von mir in jedem Augenblick. Mehr als einmal hast du mich fortgeschickt, damit ich lernte, mich deiner Gegenwart als würdig zu erweisen.

Ich war hin und weg von dir. Ich hatte bereits mit Hunderten von Pferden gearbeitet, auch mit Hengsten, aber etwas an dir war anders. Du warst nicht das erste unausgebildete Pferd, mit dem ich in Kontakt kam, aber du warst das erste, dem ich mich auf diese Art und Weise näherte, das war der große Unterschied. Sehr schnell erkannte ich etwas, das alles verändern würde: Einschließlich der zwölf Pferde auf meiner Weide, die ich angeblich so gut kannte, warst du das erste Pferd, dem ich je wirklich als freies Pferd begegnet war, unbelastet von früheren Konditionierungen und unter keinerlei Einschränkungen, ohne jeden emotionalen oder körperlichen Schmerz, der dich belasten könnte. Keine Quälerei in deiner Vergangenheit. Null

Angst vor Menschen. Du warst die reinste Form deines wahren Selbst, als ob deine Seele ebenso sichtbar wäre wie dein Körper. Du hast eine Tür aufgestoßen und den Blick für eine Wahrheit freigemacht, die man keinesfalls übersehen konnte. Nach dir gäbe es kein Zurück mehr. «

*E*s war eigentlich ein ganz normaler Tag, außer dass ich an jenem Morgen zitternd aus einem Traum von einem schwarzweißen Hengst aufgewacht war. Solche Träume hatte ich nur selten, insbesondere von etwas, das so aktuell und so gefühlsbehaftet war. Ich setzte mich an meinen Computer, um die eMails abzurufen, und mir fiel sofort eine Mail mit einem Anhang und dem Wort »Hengst« in der Betreffzeile auf. Sofort ergriff mich jenes bestimmte Gefühl, wenn etwas viel zu offensichtlich ist, als dass es Zufall sein könnte. Diese eMail kam von einer Freundin und Kundin aus Araberpferde-Kreisen. Sie wusste, dass ich nicht noch ein Pferd wollte, erinnerte sich aber, dass ich von einem Hengst irgendwann einmal in der Zukunft gesprochen hatte. Sie fragte sich, ob ich vielleicht auch schon etwas eher darüber nachdenken könnte, weil hier jemand dringend Hilfe brauchte.

Es gab einen Zuchtbetrieb in Nordtexas, dessen Besitzer verstorben war und dessen Pferde danach wochenlang mit wenig bis gar keiner Versorgung in ihren Ställen gestanden hatten. In der großen Familie interessierte sich niemand für die Pferde, und so wurden sie im Grunde dem Hungertod überlassen, oder es sollte sich jemand anderer um sie kümmern. Ich vermutete, dieser Jemand würde wohl ich sein.

Das erste Foto, das ich erhielt, zeigte eine atemberaubende schwarzweiße Kreuzung aus Paint Horse und Araber. Ich wollte ihn sofort, aber als ich anrief, um die Vereinbarungen zu treffen, war er bereits vergeben. Man sagte mir, es gebe einen weiteren Hengst, der noch gerettet werden müsste, aber er sei eine andere Rasse. Ich war ein wenig enttäuscht und kam mir auch ein wenig dumm vor, weil ich mich gedanklich allzu sehr darauf versteift hatte, diese Situation sei ein Zeichen. Als jedoch das Foto und die Angaben zu dem zweiten Hengst eintrafen, war ich mir sicher, dass die Synchronizität nicht zu übersehen war. Dieser Bursche war ein schwarzweißes American Show Horse, eine Kreuzung aus Ägyptischem Araber und Saddlebred – genau wie der Zuchthengst, den ich ausgewählt hatte, um meine Stute zu besamen. Ich konnte es nicht glauben. Außerdem nahm mir dies die Schuldgefühle, wie ich auch nur daran hatte denken können, einzig und allein wegen eines egoistischen Wunsches ein Tierbaby auf die Welt bringen zu lassen.

Ich war sehr aufgeregt. Dies war das Pferd, das mir helfen würde, meinen großen Traum zu verwirklichen. Als Ausbilderin hatte ich nur noch ein einziges Ziel, und ich wollte mich mit diesem Pferd zusammentun, um es in aller Öffentlichkeit zu erreichen. Vor allem wollte ich in der Pferdebranche alle Informationen, die ich selbstgerecht als Lügen erkannt hatte, bloßstellen. Dieses Ziel war dreiteilig. Der erste Teil bestand darin, meiner kleinen Welt zu beweisen, dass Pferde von Anfang bis Ende völlig ohne Zwang, Kontrolle oder Bestechung ausgebildet werden können und dass ich über die notwendigen Fähigkeiten und das Verständnis dazu verfügte. Der zweite Teil bestand darin, für mich die Beziehung zwischen Mensch und Pferd zustande zu bringen, die ich für möglich hielt und bei Alexander Nevzorov gesehen hatte. Der dritte Teil hieß, die in der westlichen Welt üblichen Auffassungen über Verhalten, Pflege, Ausbildung und Haltung von Pferden größtenteils schlichtweg zu widerlegen. Es sollte nur wenige kurze

Wochen dauern, bis ich erkannte, dass der zweite Teil der einzige war, auf den es wirklich ankam.

Als ich Shai kennenlernte, wusste ich, dass er genau der Richtige für mein Vorhaben war. Ich lud ihn in meinen Hänger und machte mich sofort an die Arbeit. Ich richtete eine Facebook-Seite für ihn ein und begann einen Blog, um unseren gemeinsamen Weg festzuhalten und alle, die sich dafür interessierten, an den Einzelheiten teilhaben zu lassen. Er wäre das erste Pferd, mit dem ich versuchen würde, auf diese Art und Weise zu arbeiten – ohne Körpersprache, ohne Seile, Stöcke oder auch nur ein Halfter, ohne Belohnung, ohne Strafe, nichts außer meiner Fähigkeit, mich zu zeigen und zu fordern, was ich will, bei gleichzeitiger Bereitschaft wegzugehen, wenn er nein sagte. Zumindest war dies meine Interpretation dessen, was notwendig war, um mit einem Pferd so zu arbeiten wie Nevzorov. Ich war nicht bereit, seiner Schule beizutreten, weil ich die Absicht hatte, mein neues Pferd zu reiten, und weil ich ehrlich glaubte, dass meine Erfahrung und mein Wissen mich ausreichend darauf vorbereitet hätten, ohne dass ich weitere Hilfe bräuchte. Stattdessen las ich über ihre Methoden alles, was ich in die Finger bekommen konnte, und ich gelobte, mich an die wichtigsten Prinzipien zu halten, die meinem Verständnis nach lauteten, dass ich Shai nie bestrafen, nie wütend auf ihn werden oder ihm weh tun dürfte und dass ich jedes »Nein«, das er mir zeigte, und sei es noch so subtil, respektieren würde.

Sein »Nein« zu respektieren, indem ich weggehe – das würde die größte Herausforderung sein, weil dies das genaue Gegenteil dessen ist, was man als Pferdeausbilder tut. Dennoch war ich bereit, den Versuch zu wagen; denn jetzt ging es eher um Beziehung als um Ausbildung, und ich empfand mich auch nicht mehr als Pferdeausbilderin.

Am Ende des ersten Monats mit Shai war sehr viel von meinem erlernten Wissen dem gewichen, was mein Herz und inzwischen auch meine Erfahrung mit diesem Pferd als wahr erkannt hatten. Hier ein Auszug aus meinem Shai-Blog in Woche vier:

> Die wichtigste Lektion, die ich bis jetzt gelernt habe, lautet: Je mehr Kontrolle der Mensch in der Ausbildungssituation hat, desto weniger echtes Lernen findet statt. Shai lehrt mich Dinge über mich selbst, über Pferde und über den Grad der Kommunikation, der zwischen uns möglich ist, und dies auf eine Art und Weise, wie ich sie mir nie hätte vorstellen können.
>
> Ich will nicht lügen: Er jagt mir zuweilen eine Scheißangst ein. Er ist unglaublich ausdrucksstark und mitteilsam. Manchmal will ich mich auf die klassische Art »schützen«, wie einem eben beigebracht wird, dass man bei Pferden vorsichtig sein muss, aber dann halte ich einfach die Luft an und bleibe präsent. Bisher hat er noch nicht versucht, mir weh zu tun, obwohl ich seine Körpersprache oder seine Laute zuweilen als wenig freundlich fehldeute. Dieser Weg verlangt mir viel Mut ab. Noch nie war ich so oft ohne jegliche einschränkende Maßnahmen mit einem Hengst zusammen. Er grunzt und gibt dieses besondere Hengst-Wiehern von sich, wenn er aufgeregt ist, und manchmal ist er das wegen der merkwürdigsten Sachen, wie heute etwa, als ich sein Gesicht gebürstet habe. Dann werde ich nervös und mache mir Sorgen, wie er wohl gleich reagiert, doch bisher muss

ich ihm lediglich Nein signalisieren, wenn ich glaube, dass er gleich eine Grenze überschreitet, und so weit kommt es nie. Meine Überzeugung, dass Angst vor Pferden lediglich ein Mangel an Verständnis ist, wird jeden Tag dick unterstrichen.

In der fünften Woche wurde mir klar, wie gefährlich diese Arbeit für jemanden werden konnte, der nicht über meine Erfahrung verfügte, und es beunruhigte mich, dass ich öffentlich über das schrieb, was ich gerade tat. Ich hatte Angst, jemand ohne mein Verständnis und Gespür könnte versuchen, es mir nachzumachen und dabei ernsthaft verletzt werden – insbesondere wenn er hinging und es wie ich mit einem Hengst versuchte. Je tiefer ich mit Shai kam, desto ungeeigneter erschien mir dies für die Öffentlichkeit, und zwar aus vielen Gründen. Je mehr ich ihn als ebenbürtig behandelte, desto ebenbürtiger wurde er und desto mehr stellte ich meine Motive in Frage, warum ich unsere sich entwickelnde Beziehung zu meinem persönlichen Vorteil zur Schau stellen wollte. Ich verspürte starke innere Konflikte. Etwas Großes geschah zwischen uns und in mir, und im Grunde hieß dies, dass praktisch alles, was ich über die Arbeit mit Pferden gelernt hatte, falsch war. Bevor ich mit Shai nach diesem ganz anderen Ansatz gearbeitet hatte, hatte ich genauso gelernt wie alle anderen auch – aus Büchern, Sprechstunden, durch Mentoren und aus eigener Erfahrung. Leider hatte ich nun etwas wirklich Beunruhigendes entdeckt. Meine Erfahrungen waren zwar von allen meinen Lernmethoden die wichtigste, doch sie waren geprägt von der Sichtweise, die ich damals vertrat. Ich arbeitete nach allgemein anerkannten Methoden mit Pferden, was zu völlig anderen Erkenntnissen über Wesen und Verhalten von Pferden führte. Etwas so Einfaches wie das Pferd zu halftern, wenn man bei ihm sein will, kann die Art und Weise, wie es sich einem zeigt, vollkommen verändern.

Tag für Tag wurde ich von diesem prachtvollen Hengst gedemütigt. Er zeigte mir sehr schnell, dass ich wesentlich weniger wusste, als ich dachte, und doch hielten mich viele für eine Expertin in Pferdefragen. Es war verblüffend zu erkennen, wie sehr wir Menschen bei diesen unglaublichen Tieren Unrecht haben – bei allen Tieren. Sein Intelligenzgrad war mit nichts zu vergleichen, was ich bei anderen Pferden erlebt hatte. Mehr als einmal kam ich mir in seiner Gegenwart dumm vor, wenn sich an seiner Frustration zeigte, dass ich nicht verstand, was er mir zu vermitteln suchte. Was ich von ihm verlangte, lernte er sehr schnell und meistens ohne dass es wiederholt werden musste. In meiner gesamten Zeit als Pferdeausbilderin war mir eingefleischt worden, »immer mit etwas Erfreulichem zu enden«, also zum Beispiel erst dann aufzuhören, wenn das Tier ein gewisses Verständnis für das zeigt, was man will. So haben wir es aber nicht gemacht. Wenn Shai nicht tun wollte, was ich von ihm verlangte, dann musste ich weggehen und es später oder am nächsten Tag noch einmal versuchen. Wenn ich ihm diese Freiheit zugestand und seine Meinung respektierte, dann tat er das, was ich wollte, beim nächsten Mal meistens gleich beim ersten Versuch. Ich begriff das nicht. Wenn es darum ging, eine Beziehung zu einem Menschen aufzubauen, leuchtete mir dies vollkommen ein, aber er war doch ein Pferd! Die Illusion, die ich als meine Wirklichkeit bezeichnete, bekam erste Risse.

Außerhalb unserer Lektionen machten wir viele wilde Spiele. Im Grunde bedeutete dies, dass Shai mich jagte, mit fliegenden Hufen durch die Luft stob, unmittelbar vor mir stieg und alle mögliche derartig beängstigenden und gefährlichen Mätzchen machte. Diese Zeiten waren mir am liebsten, aber ich konnte mir mitnichten erklären, warum ich dabei keine Verletzungen davontrug oder warum ich ihn dazu bringen konnte, dass er sich wieder beruhigte, ohne mich umzubringen. Nach einigen sehr heiklen Momenten und nachdem ich beobachtet hatte, wie Shai sich in Reaktion auf mich auf eine Art und Weise beruhigt hatte, die ich einfach nicht begreifen konnte, machte ich mir ernsthaft Sorgen, ich könnte schwer verletzt werden, und ich wollte die Schönheit unseres Miteinanders nicht durch mein idiotisches Verhalten für alle anderen zunichtemachen. Ich hatte es geschafft, dass die Leute echtes Interesse an den Ereignissen hatten, sie stellten großartige Fragen und wollten in Zukunft zum Wohl ihrer Pferde vieles anders machen. Ich wollte das nicht dadurch vermasseln, dass ich zuließ, dass mir mein Ego zu Kopf stieg, nur damit ich mit meinem großen starken Hengst angeben konnte.

Shai hatte mich genug Bescheidenheit gelehrt, und ich hatte zu vieles gesehen, was ich nicht erklären konnte. Ich beschloss, dass es nun an der Zeit war, kein Arschloch mehr zu sein und mich beim Internet-Forum der Nevzorov Haute Ecole anzumelden – und damit den ersten Schritt zum Beitritt in der NHE-Schule zu tun. Dort erlangte ich ein besseres Verständnis für das, was vor sich ging. Außerdem bekam ich jede Menge Unterstützung sowie eine Struktur und einen sicheren Ort, an dem ich über meine Erfahrungen berichten konnte – unter Menschen, die bereits verstanden, warum ich auf diese Art und Weise mit Pferden zusammen sein wollte. Ich fand weder Dogma noch Strenge, sondern nur intelligente Menschen, die der Wahrheit, die sich ihnen bei dieser Form der Arbeit mit Pferden offenbart hatte, nicht mehr ausweichen wollten. Wenn man seine Ansichten aus sich selbst und seiner Erfahrung heraus mit klarer Logik und respektvoll darlegen konnte, waren sie offenbar immer bereit, einen anzuhören. Ich schloss Shais Facebook-Seite und entschuldigte mich bei unseren Followern. Unsere Beziehung war zu besonders geworden, als dass sie ausgebeutet werden sollte, und mir war unwohl dabei, sie öffentlich zur Schau zu stellen.

Sobald ich im Forum war, hatte ich Zugang zu sehr viel mehr Informationen, die das, was ich erlebt hatte, teilweise erklären konnten. Außerdem konnte ich dadurch ein »Nein« wesentlich besser erkennen als bisher, und an diesem Punkt setzte die Filmspule in meinem Kopf ein. Eines Nachmittags setzte ich mich hin, und ich könnte schwören, dass ich sogar das Klappern eines alten Projektors beim Wechsel der Dias gehört habe, zunächst langsam, dann immer schneller: *klick, klick, klick, klick-klick-klick, klickklickklickklick*. Ich fühlte mich innerlich leer. In wenigen Minuten spulte mein Gehirn Tausende Szenen aus meiner Vergangenheit ab, als ein Pferd nein gesagt und ich nicht zugehört hatte. Doch es wurde noch schlimmer. Ich war noch nicht ganz so weit, dass ich den zweiten Teil dieser Lektion annehmen konnte, da blitzte ganz kurz ein Gedanke in mir auf. Auch den Menschen in meinem Leben hörte ich nicht sonderlich gut zu. Von Pat Parelli stammt der berühmte Ausspruch: »Wenn dein Pferd nein sagt, dann hast du entweder die falsche Frage oder die Frage falsch gestellt.« Ich habe das immer geglaubt. Dann erkannte ich, dass ich meine Fragen und die Art, sie zu stellen, verändert hatte, damit ich bekam, was ich wollte, aber ohne Rücksicht auf die Bedürfnisse des Pferdes oder des Menschen, mit dem ich es zu tun hatte.

Es war an der Zeit, wirklich ehrlich zu mir selbst zu werden. Ich wollte nicht mehr reiten. Seit Jahren hatte ich mich darauf spezialisiert, Hengstfohlen einzureiten, und ich hatte unendlich viele Pferde ausgebildet – und nun wurde mir eindeutig klar, dass

Pferde uns *nicht* auf ihrem Rücken haben möchten. Mir war kein Pferd begegnet, das ohne vorherige Ausbildung oder Konditionierung zu mir gekommen wäre und mich aufgefordert hätte, ihm wie ein Raubtier auf den Rücken zu springen. Ich wusste, dass man es so tun konnte, dass es dem Pferd nicht schadete und das Pferd wirklich einverstanden war, wie Alexander Nevzorov bereits bewiesen hatte, aber musste ich das Rad wirklich neu erfinden? Auch viele seiner Schüler hatten dies bereits erreicht. Ich kannte die Wahrheit, und mein Ego brauchte den Ruhm nicht mehr. Die NHE-Schule verlangte von allen Schülern, dass sie das Reiten aufgaben, sonst wurden sie nicht angenommen – und dies aus *gutem* Grund. Wenn man immer noch reiten musste, hatte man nicht kapiert, worum es ging, nämlich um die Beziehung zu seinem Pferd. Reiten trug absolut nichts zu der Beziehung bei, und wenn man das nicht begriff oder glaubte, dann hatte man keine Beziehung erreicht. Ich war so weit.

VIERZEHN

Hellwach

»Die Leute meinen, ein Seelenfreund sei jemand, der perfekt zu einem passt, und genau das wünschen sich alle. Aber ein wirklicher Seelenfreund ist ein Spiegel, ist der Mensch, der dir alles zeigt, was dich hemmt, der dir zeigt, wer du bist, damit du dein Leben ändern kannst.«
Elizabeth Gilbert

» Ich war so hin- und hergerissen, was ich mit dir tun sollte. Ich war verpflichtet, dich auszubilden, denn du warst nicht mein Pferd, und ich hatte es bereits versprochen. Ich wollte aber nicht mehr auf deinem Rücken sein oder dich zwingen, etwas zu lernen, bei dem ich genau spürte, dass du kein Interesse daran hattest. Andererseits, wenn nicht ich, dann würde jemand anderer dich ausbilden, und der ginge vielleicht nicht so freundlich mit dir um. Ich war hin- und hergerissen.

Ich hörte, was mein Umfeld sagte. Tausend Gründe, warum es in Ordnung war zu reiten. Tausend Projektionen und Meinungen von Menschen, die mir sagten, wie es für dich war, uns auf dir zu haben. Ich hörte denen zu, die ich am meisten respektierte, und dann schaute ich dir in die Augen und sah eine andere Wahrheit. Ich hörte ihre Begründungen, und ich konnte sie nachvollziehen, aber irgendetwas nagte weiter an mir. Irgendetwas sagte mir, ich solle dich, und nur dich, fragen.

Ich nahm dich mit nach Hause, wo wir alleine wären. Ich sprach mit dir, als wärst du ein alter Freund. Ich erklärte dir, dass ich deinen Widerstand gegen deine Ausbildung sehr wohl hören konnte, aber dass nicht ich für deine Haltung verantwortlich war und dass ich versprochen hatte, diese Arbeit zu tun. Damals wusste ich wirklich nicht, ob Reiten in Ordnung war oder nicht, aber es fühlte sich innerlich nicht mehr gut an. Daher beschloss ich, dich unverblümt zu fragen, ob es in Ordnung wäre, wenn ich auf deinem Rücken säße.

Ich stieg auf und legte meine Hände sanft und liebevoll mit den Handflächen auf deinen Widerrist. Ich fragte: »Cisco, ist es in Ordnung, wenn ich auf deinem Rücken sitze und dich ausbilde?« Ich spürte, wie dein Körper sich versteifte. Dann stießt du einen tiefen Seufzer aus und ließest den Kopf sinken, und dein Körper entspannte sich. Ich hatte deine Erlaubnis. Tränen stiegen mir in die Augen, ich glitt von deinem Rücken – und stieg nie wieder auf ein anderes Pferd. 《

Wenn man als professionelle Pferdefachfrau beschließt, nicht mehr zu reiten, hat man unter anderem das Problem, dass man viele Versprechen brechen muss. Ich versuchte, meine verbleibenden Ausbildungsverpflichtungen zu erfüllen, und es geschah etwas sehr Seltsames. Zum ersten Mal seit Jahren wurde ich abgeworfen. Pferde, die ich seit Monaten ritt, warfen mich beim ersten Anzeichen, dass meine Kampflust mich verlassen hatte, ab. Dies geschah vier Mal in einem knappen Monat. Ich musste ehrlich zu den Leuten sein, denen ich etwas versprochen hatte, und ihnen sagen, dass ich einfach keine Pferde mehr ausbilden konnte. Dann musste ich ihnen sagen, dass ich keine Pferde mehr für sie verkaufen konnte. Es war die demütigendste Erfahrung meines Lebens ... Die Fähigkeiten zur Ausbildung von Pferden zu haben und Menschen, die dachten, ich hätte den Verstand verloren, sagen zu müssen, dass ich es nicht mehr konnte. Ich musste Pferden, an denen mir gelegen war, in die Augen schauen und sagen: »Es tut mir leid, ich habe schon zu viele, um die ich mich kümmern muss.« Das war wirklich schwer. Sie wussten, was ich begriffen hatte, und ich konnte ihnen nicht das Leben bieten, das ich nun den Pferden auf meiner eigenen Weide bieten wollte. Ich hatte zwölf Pferde, als Shai als Nummer 13 in mein Leben trat. Die meisten waren zum geschäftlichen Einsatz gedacht oder sollten irgendwann wiederverkauft werden, doch als ich mich veränderte, versprach ich jedem Einzelnen, dass sie ihr ganzes Leben lang bei mir in Sicherheit wären. In Anbetracht dessen, dass meine Karriere, die sie ernährt hatte, so ziemlich vorbei war, war dies ein hochtrabendes Versprechen.

Meine Haupteinnahmequelle war damals die Hufbearbeitung. Ich war immer noch hauptberufliche Barhufpflegerin, aber auch dies fühlte sich für mich nicht mehr richtig an. Im Laufe der Monate, in denen wir alle Pferde auf unserer Weide mit demselben Verständnis und Respekt behandelten, die ich Shai entgegenzubringen gelernt hatte, veränderte sich alles. Unsere Herde wurde gesünder und stärker, als wir sie je erlebt hatten. Die Dynamik innerhalb der Gruppe veränderte sich, und sehr schnell erkannten wir, dass unser Verständnis der Hierarchie und des natürlichen Verhaltens innerhalb einer Herde von Pferden auf einer völlig anderen Grundlage beruhte als dem, was wir nun zu Hause geschaffen hatten. Wir hatten Ausgewogenheit und Harmonie in ihrem Leben wiederhergestellt, wodurch sich ihr sogenanntes natürliches Verhalten, das in erster Linie aufs Überleben abzielt, veränderte. Wenn es nicht mehr ums Überleben geht – wie für viele domestizierte Pferde –, dann ist der natürliche Zustand ein wesentlich friedlicherer, als wir bisher beobachtet haben. Sowie unsere Pferde sich mental, emotional und körperlich von den Anforderungen der Domestizierung, Ausbildung und des Reitens erholten, wurden sie eine harmonische Gruppe. Kein Leitpferd mehr, das aggressive Formen von Dominanz zeigte. Keine Kämpfe mehr. Jetzt fanden sie uns interessant und wollten auf die erstaunlichste und friedlichste Art und Weise räumlich mit uns zusammen sein. Ihre Augen veränderten sich. Daran erkannte ich erst wirklich, dass etwas anders geworden war. Nach und nach verschwand der glänzende Blick, der Schleier alter Verletzungen hob sich, und allmählich begegnete ich meinen eigenen Pferden zum ersten Mal genauso, wie ich Shai begegnet war. Zum Teil kam es mir entfernt bekannt vor – dann dachte ich an die Zeit zurück, als wir nur unsere beiden Stuten hatten und über ein Jahr lang nicht geritten waren. Damals erlebten wir Ähnliches mit ihnen, schrieben es aber ihrer neuen Hufpflege zu, und leider fehlten uns damals noch das Wissen und das Bewusstsein, um zu erkennen, was tatsächlich vor sich ging. Sie waren geheilt.

Es war eine wirklich schwierige Zeit in meinem Leben. Was Shai mir über das wahre Wesen der Pferde offenbart hatte, stand in krassem Gegensatz zu dem, wie die Welt im Allgemeinen über sie dachte. Jeden Tag erlebten wir es ein wenig tiefgreifender, waren ein wenig erschütterter und gezwungen, uns sehr viel mehr Fragen über das Leben als über Pferde zu stellen. Ich sprach mit meinen Hufpflegekunden über das Geschehen, und sie empfanden es sichtlich als Herausforderung. Das Schwierigste war allerdings zuzuschauen, wie ihnen die Tränen in die Augen stiegen, mitanzuhören, wie sie sagten, sie würden die Wahrheit in meinen Worten erkennen, doch das Reiten könnten sie niemals aufgeben – nur so könnten sie dem Alltag entrinnen, es sei ihre einzige Freude im Leben. Andere packte die blanke Wut. Bedenken Sie, dass ich niemandem sagte, er solle aufhören, sein Pferd zu reiten; ich erzählte einfach, was ich erlebte und dass ich selber mit dem Reiten aufgehört hatte. Eine Klientin schrie mich förmlich an, sie ginge doch nicht zu ihrer verhassten Arbeit, damit sie sich ihren schicken Stall und die vier Pferde, die dort lebten, leisten konnte, nur um sie dann nicht zu reiten. Sie sollten für ihren Unterhalt aufkommen. Diesen letzteren Satz bekam ich recht oft zu hören. Mein Entschluss, mit dem Reiten aufzuhören, hielt allen einen Spiegel vor und reflektierte ihre eigenen unangenehmen, schuldbeladenen und sehr vereinnahmenden Beziehungen zu ihren Pferden.

Was ich den Leuten nicht gut erklären konnte, war, dass unsere Pferde sozusagen sehr wohl für ihren Unterhalt aufkamen, besser sogar als zu Zeiten, in denen wir noch auf ihrem Rücken saßen. Ich lernte von ihnen und erlebte sie auf eine Art und Weise, die mein Leben tiefgreifend positiv veränderte, auch wenn diese Veränderungen manchmal schwer zu überstehen waren. Manchmal erschütterten sie mein Privatleben und knackten mich schmerzhaft und konfrontativ auf, aber dies machte mich zu einem besseren Menschen. Das Wichtige war, dass das Reiten mir wegen der Beziehungen, die ich durch diesen neuen Umgang mit den Pferden entwickelt hatte, gar nicht mehr verlockend erschien. Mir fehlte das Gefühl, Kontrolle und Macht über das Pferd zu haben, aber es war mir nicht recht, dass es mir fehlte, und was Pferde anging, so herrschte in meinem Leben mehr Frieden und Harmonie als je zuvor. Frieden und Harmonie traten in meinem Leben allmählich an die Stelle von Wut und Kontrolle. Das war es, was ich wollte.

Meine Karriere als Ausbilderin war vorbei. Auch meine Tätigkeit als Hufbearbeiterin fühlte sich für mich nicht mehr gut an, insbesondere jetzt, da ich allen meinen Pferden die Hufe frei auf der Weide bearbeiten konnte und noch nicht einmal ein Halfter brauchte. Öffentlich mit Pferden in allen möglichen Situationen, auch solchen, die mit vielen Schmerzen verbunden waren, umgehen zu müssen, war im Vergleich dazu einfach schrecklich. Selbst als ich begann, bei vielen Pferden meiner Kunden die Hufe genauso zu bearbeiten wie bei meinen eigenen, war es einfach nicht dasselbe. Oft war entweder das Pferd völlig weggetreten und geistig ganz woanders oder es merkte – wie die letzten paar, die ich ritt –, dass ich keinen Kampfgeist mehr hatte, und machte es mir richtig schwer, nachdem es sich vorher monatelang bei der Hufbearbeitung völlig problemlos verhalten hatte. Früher wussten sie, dass sie damit nicht durchkommen würden, weil ich meine Erfahrung als Ausbilderin nutzen würde, um sie wieder unter Kontrolle zu bekommen. Nun würde ich lediglich auf den Aufbau einer Beziehung zurückgreifen, und dies ließ sich mit einem dicht gefüllten Terminkalender nicht vereinbaren. Wie beim Reiten zeigte sich auch hier, dass Pferde es nicht gerade schätzen, ihre Hufe bearbeiten zu lassen, bloß weil jemand aufkreuzt und behauptet, das sei jetzt dran. Ich hatte keine Ahnung, wie ich mein neues Verständnis mit meiner Tätigkeit als Fachfrau in der Welt der Pferde unter einen Hut bringen sollte.

Einen Gnadenhof und ein Fortbildungszentrum einzurichten, war für mich offenbar die einzig denkbare Lösung, die sich stimmig anfühlte. Dies setzte ich mir zum Ziel und bildete gleichzeitig eine junge Frau aus, die meine Hufbearbeitungs-Praxis übernehmen sollte, sodass ich immer weniger Hufbearbeitung machen und mich ganz auf die Einrichtung eines Gnadenhofs für Pferde sowie auf die Entwicklung von Kursen über das, was sie uns lehren, konzentrieren konnte. Es war teuflisch schwer, für diesen drastischen Richtungswechsel aus meinen Kreisen in Texas die Unterstützung zu bekommen, die ich brauchte, insbesondere weil ich sehr bekannt war für die Arbeit, die ich machte, die aber nichts mehr mit der Arbeit zu tun hatte, der ich nachgehen wollte. Nicht zu reiten, brachte sehr viele Menschen gegen mich auf, ganz gleich, wie gut ich meine Gründe darlegte. Ich war beinahe schon am Verzweifeln, als ich mich mit einer anderen Schülerin der NHE anfreundete, die eine ähnliche Vision und ähnliche Wünsche hatte wie ich. Sie lebte in einem anderen Teil des Landes, und ich vereinbarte einen Besuch, sodass wir ein wenig näher über unsere Idee für einen Gnadenhof sprechen konnten. Ich ahnte nicht, dass meine Welt, so wie ich sie bisher kannte, bald darauf in sich zusammenbrechen würde.

Es funkte sofort zwischen uns, als wir uns am Flughafen trafen. Ich kannte sie. Bis heute kann ich nicht erklären, was das bedeutet, aber etwas in mir erkannte sie. Es war so offensichtlich, dass auch Brandy, als ich mich mit fassungslosem Blick zu ihr umwandte, mir zu verstehen gab, dass sie gesehen hatte, was gerade zwischen dieser Fremden und mir geschehen war. Nach allem, was ich bisher im Leben gelernt hatte, war mir gerade eine unangenehme Überraschung bereitet worden, die mich aufwecken und auch den letzten Rest an Dunkelheit, der noch in mir war, bloßlegen sollte. Man könnte es Liebe auf den ersten Blick nennen – oder vielleicht war es auch Lust auf den ersten Blick – ich weiß es nicht. Was ich weiß, ist allerdings, dass ich gerade einer Seelenfreundin begegnet war, vielleicht sogar meiner Zwillingsseele, und dass ich so dumm war zu glauben, wir gehörten um jeden Preis zusammen. Während der nächsten fünf Monate ging ich meinen Gefühlen für diese neue Frau offen und ehrlich auf den Grund, und schließlich trennten Brandy und ich uns in Liebe und Respekt und nur zum Teil deshalb, weil ich mich bis über beide Ohren und hoffnungslos in eine andere verliebt hatte.

In dieser Zeit teilte ich mich recht gleichmäßig zwischen den Besuchen bei ihr, die über 3.000 Kilometer weit weg wohnte, der Weiterentwicklung meiner Beziehung zu Shai und der Pflege meiner Hufbearbeitungs-Kunden in Texas auf. Es war eine absolute Achterbahn der Gefühle, voller schrecklicher Entscheidungen und Lebenserfahrungen, die ich um nichts in der Welt missen möchte. Ich bereue nur, dass mein blinder Egoismus und meine Unfähigkeit zuzuhören damals oft dazu geführt haben, dass Menschen verletzt wurden, die mir sehr am Herzen lagen. Nicht ohne Grund heißt es, man sei »wahnsinnig verliebt«. Meine Welt geriet aus den Fugen, und ich konnte kaum etwas dagegen tun. Ich hatte meine gesamte Kontrolle über Pferde aufgegeben, und nun richtete ich mein kontrollierendes Verhalten, das ich durch die Pferdeausbildung hochgradig verfeinert hatte, gegen die Menschen, die mir am wichtigsten waren, und zwar auf eine Art und Weise, die ich damals noch nicht einmal erkennen konnte.

Ich möchte Ihnen sagen, was ein »Pferdeflüsterer« wirklich ist. In meiner Zeit als Ausbilderin wurde ich gelegentlich so bezeichnet, aber heute sehe ich diese Bezeichnung nicht mehr in einem positiven Licht. Für mich bedeutet der Begriff schlicht, dass man so gut im Manipulieren und im Einsatz subtiler Formen psychischer Kontrolle geworden ist, dass nur wenige sehen können, dass man tatsächlich immer noch massive Formen von Zwang anwendet, um das erwünschte Ergebnis zu erzielen. Ich habe diese Fähigkeit nicht mit Absicht erworben. Ich meine, ich glaube nicht, dass irgendjemand tatsächlich derartige Macht über einen anderen haben will, es sei denn, er ist psychisch gestört. Weil aber die Ausbildung von Pferden eine hochangesehene Möglichkeit ist, derartige Fähigkeiten zu entwickeln, sollte es niemanden verwundern, wenn er erfährt, dass sie auch in seine zwischenmenschlichen Beziehungen durchsickert, insbesondere wenn sie unter den Erwachsenen in seiner Kindheit stark verbreitet war. So stellte sich heraus, dass ich unbewusst ein hoch manipulativer Mensch geworden war und mein Handwerk durch die Reitkunst mehr als mein halbes Leben lang ständig weiter verfeinert hatte.

Wenn man eine derart dunkle Begabung hat und sie einsetzt, ist es vollkommen unerheblich, wie rein die Absicht sein mag. Es spielt überhaupt keine Rolle, wie viel echte Liebe man für ein Pferd oder einen Menschen empfindet.

Man wird das Ziel, das man sich aus ganzem Herzen wünscht, nie erreichen, wenn die Methoden dazu nicht im Einklang mit der Liebe stehen. Manchmal wünschte ich, Shai hätte mich diese bis heute wertvollste Lektion schon gelehrt, bevor ich der Frau begegnet bin, die meine Dunkelheit gespiegelt und offengelegt hat. Doch ohne den darauffolgenden Schmerz wäre mein Herz nicht so weit aufgeknackt worden, dass ich sein Geschenk, oder ihres, hätte annehmen können.

Aus vielen Gründen, von denen etliche an meiner mangelnden Integrität während dieser unsinnigen Romanze lagen, endete meine neue Liebesbeziehung so abrupt, wie sie begonnen hatte. Die Schockwellen zogen sich noch monatelang durch mein Leben, und dies in Bereichen, in denen ich nie erwartet hätte, dass sie bis dahin reichen könnten. Es war beängstigend, zusätzlich zu allem, was mir wegen meines neuen Verständnisses für Pferde vorgehalten wurde, solche Scham und solchen Herzschmerz zu verspüren. Das Schlimmste war, dass ich die Menschen, um die es ging, wirklich liebte, aber so sehr darin versagt hatte, es ihnen zu zeigen, dass ich auf übelste Art und Weise gemieden wurde. Die Situation zwang mich, eine Zeitlang alleine zu sein – zum allerersten Mal. In dieser Zeit konnte ich mir ein sehr gutes Bild davon machen, wie weit mein Verhalten teilweise von dem entfernt war, wie ich wirklich bin. Ein paar Monate lang war Shai mein einziger Ruhepol. Er war die einzige Beziehung, die ich auf die Reihe gekriegt hatte, und eines Nachmittags zeigte er mir, warum.

An jenem Tag war ich schrecklicher Stimmung. Mein Herz tat weh, in mir brodelten Schuldgefühle und Gewissensbisse gegenüber sehr vielen Menschen, und ich war entsetzt, weil die Zukunft, die ich geplant hatte, nun nicht mehr in Frage kam und ich keinen Plan B hatte. Es war kein guter Tag, um Shai zu unterrichten, aber es stellte sich heraus, dass es für ihn ein perfekter Tag war, um die Rolle des Lehrers zu übernehmen.

Mein erster Fehler war, seine Koppel mit festen Vorstellungen im Kopf zu betreten. Wenn man mit Pferden auf diese Weise arbeitet, ist dies ein Regelbruch. Außerdem war ich aufgebracht und verletzt, aber nicht auf ungeschützte und offene Art. Innerlich explodierte ich vor Emotionen, und Shai ist keiner, vor dem man etwas verbergen kann. Ziemlich schnell ging es drunter und drüber. Ich wollte die ganz großen Sachen. Ich wollte, dass er auf der Hinterhand hoch aufstieg und sich für mich in Positur warf. Ich wollte eine gewisse Kontrolle über mein Leben wiedergewinnen, und doch betrat ich seine Koppel und vergaß, dass dies der einzige Ort war, an dem ich eindeutig überhaupt keine Kontrolle hatte. Er raste über das gesamte Gelände, wurde aufgebracht gegen mich und fing an, Aggressionen zu zeigen. Aber an jenem Tag war ich nicht bereit wegzugehen, daher überkam mich die Angst. Aber was soll's? Mein Leben hatte ich ja ohnehin bereits vermasselt, was machte es also, wenn sein Huf auf meinem Kopf landete? Diese Gedanken ließ ich allerdings ziemlich schnell wieder fallen. Was er und ich erreicht hatten, bedeutete mir bereits viel zu viel, als dass ich es jetzt hätte aufgeben wollen. Ich atmete ein paar Mal tief durch und versuchte, meine Fassung wiederzugewinnen. Angst war ein Gefühl, dem Shai nicht sehr tolerant begegnete. Fast schien es, als nähme er es persönlich, als sei es das größte Vergehen, vor jemandem Angst zu haben, den man doch angeblich liebte. Angst und Liebe gehören eigentlich nicht zusammen.

Ich konnte ihn nicht dazu bringen, sich zu beruhigen. Ich war völlig durcheinander und fing an zu weinen. Ich schaute zum Boden, wo meine Tränen Tropfen um Tropfen im Sand zu meinen Füßen landeten. In diesem Moment, noch in der Sekunde, in der ich mich ergab und ganz und gar schutzlos wurde – früher hätte ich geglaubt, schwach –, hörte Shai auf herumzuspringen. Mit einem sanften *Plopp* landeten seine Vorderhufe wieder auf dem Boden. Er gähnte. Anmutig und sanft kam er auf mich zu und drückte seine Stirn gegen meine Brust. Es war, als sagte er: »Da haben wir's. So bist du wirklich. Spüre es.«

Ich fiel auf die Knie, und während meine Stirn an seinem weichen Maul ruhte, hielt er den geschützten Raum für mich aufrecht, als ich erkannte, dass ich in meinem ganzen Leben, zumindest meinem Verhalten nach, noch nie jemanden bedingungslos geliebt hatte. Bis er gekommen war.

FÜNFZEHN

Bedingungslos

»Läute die Glocken, die noch klingen. Vergiss deine wohlfeilen Gaben. Es ist ein Riss in allen Dingen. Durch ihn fällt das Licht ein.«
Leonard Cohen

» Die Zeit mit euch gestaltete sich früher meist ganz nach meinen Wünschen. Jetzt konnte ich noch nicht einmal still neben euch stehen, ohne Tränen zu vergießen, und manchmal wallten die Emotionen auf und schwappten über. Meine Heilung hatte begonnen. Mein Schmerz ließ endlich nach. Auch in der Vergangenheit hatte es immer wieder Momente gegeben, in denen ihr meinem Empfinden nach in völliger Schutzlosigkeit für mich da wart, doch so zauberhaft sie auch wirkten, nichts konnte mit dem mithalten, was ihr nun zu bieten hattet.

Ich hatte einen besonders schwierigen Tag gehabt. Aber ich wollte euch meine Verletzungen nicht mehr aufzwingen, noch nicht einmal in der Form, dass ich euren starken, weichen Hals streichelte, damit es mir besser ging. Selbst dies betrachtete ich mittlerweile als unter eurer Würde, außer wenn ihr es mir selbst aus freien Stücken anbotet. Als ich also an jenem Abend auf die Weide ging, voller Emotionen, die gleich überschwappen würden, suchte ich mir einen stillen Platz, weit weg von der Herde, um selbst mit meinem Schmerz fertig zu werden.

Tief versunken in meinem Kummer saß ich mit gesenktem Kopf unter einem düsteren Himmel auf dem Boden. Da spürte ich, dass jemand bei mir war. Ich spürte *dich*, und ich saugte die Gewissheit in mich auf, dass du da warst, auch wenn wir einander nicht berührten und ich dich nicht kommen gehört hatte. Ich war dankbar, dass du beschlossen hattest herzukommen und neben mir zu stehen, und ich fühlte mich nicht mehr allein. Als ich den Kopf hob, um zu sehen, wer gekommen war, war es nicht einer – es waren drei. In regelmäßigen Abständen voneinander bildeten sie einen Kreis um mich. Travis, Cogar und Velvet. Mein starkes Unterstützerteam, meine Freunde, meine Lieben.

In diesem Moment wusste ich, dass wir gemeinsam etwas wahrhaft Besonderes geschaffen hatten. Eure Stärke und die Fülle eurer Heilung auf einem Fleck mit meinem zerbrochenen Chaos – dies erfüllte mich mit Hoffnung. Ich brauchte nicht zu euch zu gehen und euch zu benutzen, damit es mir besser ging. Ihr hattet euch entschieden, in Harmonie als ein Team zusammenzustehen, und ihr konntet es jetzt, weil euer eigener Schmerz verschwunden und ich endlich bereit war, mich ungeschützt zu zeigen, selbst in der Finsternis. Ihr hattet beschlossen, mir zu zeigen, dass es an meinem Chaos nichts gab, wovor ihr wegzulaufen brauchtet. Weil euch erlaubt worden war, voll und ganz die zu sein, die ihr seid, konntet ihr bei mir sein und mich daran erinnern, wer ich unter all dem Schmerz wirklich bin. Dies war das Geschenk der bedingungslosen Liebe zu euch. «

𝒲ir haben alle eine Dunkelheit in uns, die einen Ausgleich zum Licht bildet. Die wertvollste Lektion, die ich bis jetzt gelernt habe, heißt, sie voll und ganz anzunehmen, jeden Aspekt dessen, was ich bin, ohne mich dafür zu rechtfertigen. Alle reden über bedingungslose Liebe, als wüssten sie, was das bedeutet. Ich auf jeden Fall auch. Ich bin mir sogar sicher, dass ich sie als Idee begriffen hatte, doch bis zu jenem Augenblick mit Shai war ich vollkommen blind dafür gewesen, wie wenig ich sie in meinem Alltag und in meinen Beziehungen tatsächlich zeigte. Ich wusste, wie sie sich anfühlt. In vielen Augenblicken hatte ich bedingungslos geliebt und war bedingungslos geliebt worden – aber wirklich voll und ganz so geliebt zu werden? Was war das? Es war genau das, was ich in den vergangenen Monaten mit Shai und den anderen Pferden praktiziert hatte. Es war ein Zulassen – die Selbstverpflichtung, ihn genauso zu lieben, wie er ist, ohne Erwartungen, ohne Hintergedanken und ohne ihn für meine eigenen Bedürfnisse und Wünsche zu vereinnahmen. Es war das vollständige Annehmen dessen, was in jedem einzelnen Augenblick wahr ist. Es war, Verantwortung für mich zu übernehmen. Was dadurch zwischen ihm und mir entstand, war die schönste Beziehung, an der ich je beteiligt war. Sie war rein, und sie war vollkommen. Merkwürdigerweise erbrachte sie Ergebnisse, die weit über das hinausgingen, was ich mit der Ausbildung zu erreichen suchte – nur, dass sie vollständig umgesetzt werden konnten, dass sie dauerhaft und dass sie authentisch waren.

Natürlich hatte ich Momente solcher Liebe auch in meinen Beziehungen mit Menschen erlebt. Ich glaube, dass unter den grundsätzlich dysfunktionalen Strömungen, aus denen die meisten Beziehungen bestehen, bedingungslose Liebe liegt. Ich hatte sie oft genug erahnen und in Ansätzen erleben können, sodass sie meine wichtigste Motivation werden konnte, um trotz des Leidens in meinem Leben weiterzumachen – in der Hoffnung, sie eines Tages irgendwie erneut und vollständiger begreifen zu können. Nicht klar war mir allerdings, dass ich sie von jeher hatte. Sie lebte in mir. Mehr noch, ich *war* bedingungslose Liebe, ich hatte es bloß vergessen. Ich entdeckte, dass alle meine Kämpfe, mein ganzer Schmerz, daher rührten, dass ich diese Liebe mein Leben lang *außerhalb* von mir, insbesondere durch Tiere gesucht hatte, die überwiegend zur Quelle sofortiger bedingungsloser Liebe geworden waren, welche beliebig gekauft oder erzeugt werden konnte. Allmählich betrachtete ich Domestizierung und Haustierhaltung in einem völlig neuen Licht. Es war ein Licht, das vor allem unser Bedürfnis nach Domestizierung beleuchtete, unsere Weigerung, uns selbst zu geben, was wir von anderen bekommen möchten.

Mein Leben lang hatte ich mich auf die Kraft anderer verlassen, um im Leben selbstsicher voranzukommen. Ob es sich nun um die oberflächliche Selbstsicherheit handelte, die ich durch meine Fähigkeiten auf dem Rücken eines Pferdes erlangte, ob es darum ging, dass sich eine schöne Frau in mich verliebte, oder um meine ständige Suche nach einem Lehrer, der mehr wusste als ich, egal auf welchem Gebiet – immer machte ich mich stark von dem abhängig, was ich in einem anderen sehen konnte, und weigerte mich zu sehen, dass ich es von jeher auch in mir *selbst* hatte. Wenn ich Freiheit wollte, konnte ich sie mir von einem Pferd nehmen. Wenn ich Verbundenheit wollte, dann konnte ich jemanden manipulieren oder ausbilden, sodass er mir etwas gab, was aussah wie Verbundenheit. Doch es war nicht von Dauer. Ohne die Pferde, meine schöne Partnerin, meine ausgezeichneten Lehrer und eine Unmenge anderer Dinge, die mir einen wirklich tollen Anschein gaben, was war da von mir noch übrig? Was hatte ich, wenn ich wirklich bloß noch ich war? Worte. Ich hatte Worte, und überzeugende obendrein. So viel ich auch hörbar redete, Sie hätten mal das Geplapper in meinem Kopf hören sollen. Ich hatte über sehr viele Aspekte des Lebens sehr viel gelernt, und dennoch hatte ich in meinem Leben sehr vieles davon nicht umgesetzt. Kein Wunder, konnten viele Menschen die Wahrheit, die ich weiterzugeben hatte, doch nicht hören. Für Menschen, die ihr eigenes Päckchen zu tragen haben, war ich viel zu oft ein wandelnder Widerspruch, als dass sie mich hätten ernst nehmen können. Einige konnten allerdings spüren, dass das, was ich nach und nach begriff, unter meinem beschädigten Ich lebendig war, und sie hielten mich aufrecht. Die Pferde hatten jedoch etwas weitaus Kraftvolleres zu bieten.

Als ich Pferde noch ritt und ausbildete, erlebte ich sie weitgehend so wie der Rest der Welt. Mit der Zeit entdeckte ich viele Unstimmigkeiten in den verfügbaren Informationen über Verhalten, Pflege, Haltung und Ausbildung von Pferden. Als ich versuchte, für die mir anvertrauten Tiere die bestmöglichen Entscheidungen zu treffen, wurde es zu einem überwältigenden Prozess, mich durch sehr viele Widersprüche hindurchzuarbeiten. Als Fachfrau stand ich im Austausch mit sehr, sehr vielen anderen Pferdemenschen, die im selben Dilemma steckten. Ich war fest entschlossen, die Wahrheit herauszufinden. Als ich schließlich dahin gelangt war, was heute im Hinblick auf Pferde meine Wahrheit ist, zeigte sich, warum jeder eine Million Ausflüchte hat, um sie zu umgehen. Die Betroffenen hätten den Beruf wechseln müssen, so wie ich es getan habe. Sie hätten ihre Liebesbeziehungen einer Neubewertung unterziehen müssen, so wie ich es getan habe. Sie hätten jede Beziehung in ihrem Leben anschauen und erkennen müssen, inwiefern sie womöglich nicht die Verantwortung für ihren Anteil an alledem übernehmen, was nicht funktioniert. Die Erkenntnis der Wahrheit über unsere Beziehung zu Pferden würde große Veränderungen bedeuten, besonders in einer Branche, die auf Kosten des Tieres, das sie angeblich verehrt, jedes Jahr Milliarden verdient. Upton Sinclair hat einmal gesagt: »Es ist schwierig, jemandem etwas begreiflich zu machen, wenn sein Gehalt davon abhängt, dass er es nicht begreift.« Ich habe festgestellt, dass dies auf die meisten Menschen irgendwann einmal zutrifft.

Wie die Welt heute Pferde behandelt, ist alles andere als bedingungslos. Alle, die ich kenne, behaupten, dass sie ihr Pferd lieben. Wenn man sich aber einmal gründlich anschaut, wie diese Liebe aussieht, ist sie dann echt? Ist es Liebe, wenn man jemandem ein Stück Metall in den Mund steckt, um ihn zu kontrollieren? Ist es Liebe, wenn man ihn darauf konditioniert, dass er einen zum eigenen Vergnügen herumträgt? Ist es Liebe, jemandem immer dann gewisse Fesseln anzulegen, wenn man mit ihm zusammen sein will? Ich denke nicht. Ich weiß, dass wir Liebe zu Pferden empfinden können, wenn wir so mit ihnen umgehen. Ich weiß auch, dass ich Liebe für jeden Menschen empfunden habe, den ich im Leben aufgrund meines lieblosen Verhaltens verloren habe. Würden Pferde nicht in Ställen oder auf Weiden gehalten, kann ich Ihnen versichern, dass sie bei einem Großteil unseres traditionell akzeptierten Verhaltens ihnen gegenüber auf und davon laufen würden, wenn sie die Möglichkeit dazu hätten.

Einmal griff ich zu einem sehr bekannten Buch über die Ausbildung von Pferden, das ein guter Freund einer Freundin geschrieben hat. Ich gab mir aufrichtig Mühe, die Worte urteilsfrei an mich heranzulassen. Ich wollte wirklich verstehen, wie es möglich war, dass ein derart liebevoller Mensch nicht sehen konnte, was ich bei Pferden sah. Im Buch hieß es, der Schlüssel zur Arbeit mit Pferden und zu ihrem Verständnis läge einfach im Befolgen der Goldenen Regel, sie so zu behandeln, wie man selbst gern behandelt werden möchte. Dem konnte ich nur aus ganzem Herzen zustimmen. Das Foto neben dieser Erklärung zeigte den Verfasser, der einen schönen Hengst hielt. An seinem Halfter war eine Führkette eingehakt. Ich kann nicht für andere sprechen, aber wenn Sie mir eine Kette über mein empfindliches Gesicht legen, um mich zu korrigieren, falls ich etwas tue, was Ihnen unangenehm ist, dann verspreche ich Ihnen, dass ich nicht Ihre Freundin bin. Seien wir ehrlich – ich würde gar nicht erst zulassen, dass Sie mir die Kette, geschweige denn das Halfter anlegen. Wo ist die Verbindung gerissen?

Auf meinem Weg und während meiner Aus- und Fortbildungen bin ich vielen angeblichen Pferdemeistern begegnet. Einige durfte ich zu meiner großen Freude Freunde nennen – von berühmten Ausbildern bis zu Kunstreitern, von professionellen Cowboys bis zu ganzheitlichen Tierheilpraktikern, Ernährungsexperten und Futterentwicklern bis zu Therapeuten für Menschen, die zu Heilzwecken mit Pferden arbeiten. Jeder war auf seine Weise bewundernswert und inspirierend, und je mehr ich lernte, desto mehr brach mir das Herz wegen ihnen, wegen mir selbst und wegen der Pferde, die wir doch angeblich lieben. Alle diese Menschen setzten Pferde ein, um anderen zu helfen und sie zu allem, von Mut über Heilung bis zur Güte anzuregen, doch hinter verschlossenen Türen und sobald alle Ablenkungen weg waren, war nicht einer von ihnen im Reinen mit sich und seiner Welt. Da ich viele in der Vertrautheit ihrer persönlichen Umgebung kennengelernt habe, kann ich sagen, dass ihre inneren Kämpfe praktisch dieselben waren wie meine und wie die der Menschen, denen sie zu helfen versuchten – wenn sie nicht ein Pferd dazu benutzten, ihnen die Arbeit abzunehmen. Ohne die Pferde wussten sie noch nicht einmal, wer sie waren. Es war nicht ihre eigene Kraft, die sie an die Welt weitergaben. Es war nicht meine Kraft, die ich an die Welt weitergab. Es war die der Tiere.

Von dem Augenblick an, an dem ich beschloss, mich sowohl im wörtlichen als auch im übertragenen Sinn nicht mehr von der Kraft der Pferde abhängig zu machen, kam ich wieder in meine eigene Kraft. Mit Kraft meine ich alles, was mir als Mensch mitgegeben wurde, um das Leben meiner Träume zu erschaffen und glücklich zu sein. Ich war so sehr damit beschäftigt gewesen, Dinge, andere Wesen und Situationen außerhalb meiner selbst zu kontrollieren, dass ich die einzige Fähigkeit, auf die es wirklich ankommt, nie entwickelt habe – die Kontrolle über meine Gedanken, Worte und Werke. Bewusste Entscheidungen in diesen drei Bereichen, den einzigen, über die wir überhaupt eine gewisse Kontrolle haben, bestimmen in diesem Leben über unsere Wirklichkeit. Das weiß ich mit Gewissheit, und bis dahin hatte ich mein Leben lang versucht, alles außer mir selbst zu kontrollieren, um zu bekommen, was ich wollte oder brauchte. Ich habe dabei sehr viel Schmerz zugefügt, insbesondere Pferden, aber am meisten habe ich wahrscheinlich selbst gelitten.

Wahrscheinlich haben Sie bemerkt, dass in meiner Geschichte vieles fehlt, vor allem der exakte wissenschaftliche Beweis, der mir geholfen hat, meine Wahrheit über Pferde herauszufinden. Ich habe ihn absichtlich weggelassen. Schon vor geraumer Zeit habe ich aufgehört, irgendjemanden von irgendetwas überzeugen zu wollen, und dies ist ganz bestimmt auch nicht der Sinn dessen, dass ich hier meine Erfahrungen weitergebe. Die wissenschaftlichen Befunde hinsichtlich des Schadens, den wir bei Pferden durch das Reiten und die Ausbildung sowie durch die herkömmliche Art der Haltung anrichten, sind, gelinde gesagt, alarmierend. Außerdem sind sie für jeden, der dies wirklich wissen will, unkompliziert zugänglich, und wer sie sucht, findet sie mit Leichtigkeit.

Im Laufe meines eigenen Wachstumsprozesses habe ich etwas sehr Wichtiges über Veränderung gelernt. Wirkliche, dauerhafte Veränderung kann nicht aus Schuld- oder Schamgefühlen heraus entstehen. Sie findet nur dann statt, wenn man sie annehmen und wachsen will, wenn man seine Erfahrung und den Beitrag, den man als Mensch leisten kann, mehren will. Schuld- und Schamgefühle sind dick befreundet mit Selbstverurteilung und Selbstekel. Wenn Sie aufgrund eines dieser Gefühle Veränderungen in Ihrem Leben vornehmen, dann haben Sie sich im Grunde deshalb verändert, weil Sie sich nicht so akzeptieren, wie Sie sind. Eine solche Veränderung führt nur zu noch mehr Schamgefühlen, selbst wenn Sie sich oberflächlich betrachtet anders verhalten.

Mir sind auf meinem Weg sehr viele selbstgerechte Menschen begegnet, und sehr lange war ich selber einer. Sie haben ihre Ernährung oder ihren Umgang mit Pferden verändert, weil das eine Verhalten »richtig« und das andere »falsch« für sie war, und lassen Sie mich etwas über diese Menschen sagen – sie haben immer noch genau dieselben inneren Kämpfe auszustehen wie die Menschen, die sich ihrer Meinung nach »falsch« verhalten.

Polarität zu erzeugen, ist kein Weg zum Frieden – Liebe zu verkörpern, das ist der Weg. Dies bedeutet, nicht nur das Verhalten der Menschen und die Menschen selbst zu lieben, mit denen man einverstanden ist, sondern *alles* anzunehmen und zugleich ein liebevolles lebendiges Beispiel seiner eigenen Wahrheit zu sein. Wenn Sie gerne Reiten und Pferde ausbilden, dann sollten Sie dies wahrscheinlich auch weiterhin tun. Es kommt darauf an, dass Sie genau hinschauen, was da vor sich geht und sich fragen, warum es geschieht. Als ich der Frage, warum ich tat, was ich tat und was dies mit den Tieren machte, die ich angeblich liebte, vollständig auf den Grund ging, verschwand mein Wunsch, sie zu reiten, komplett, und an seine Stelle in meinem Leben trat etwas unendlich Erfüllenderes.

Menschen, die meine Pferde in ihrem neuen geheilten Zustand nicht erlebt haben, kann man nur sehr schwer erklären, wie anders sie jetzt sind als früher und wohl auch als die meisten Pferde, denen man begegnet. Man muss es erlebt haben, um es zu verstehen. Einfach bei ihnen zu sein, hat sich für mich zur profundesten spirituellen Praxis entwickelt, die ich in meinem Leben kennengelernt habe, weitaus wohltuender als meine wiederholten Meditationsversuche. Auf diese Art und Weise bei den Pferden zu sein, war eine Zeitlang die einzige positive und gesunde Möglichkeit für mich, meinen Geist zur Ruhe zu bringen und auf mein inneres Wissen zu lauschen. Daran wollte ich alle Menschen teilhaben lassen.

Ich veranstaltete experimentelle Zusammenkünfte bei mir zu Hause und lud Menschen ein, unsere Pferde auf diese neue bedingungslose Art und Weise zu erleben. Das Feedback war erstaunlich, und jede Zusammenkunft erschien mir wie ein riesengroßer Erfolg, aber es gab ein Problem. Menschen mit Pferden – was nun einmal die meisten Menschen waren, die ich damals kannte – kamen und waren von allem sehr angetan, doch dann gingen sie wieder nach Hause, standen vor ihrer jetzigen Situation und hatten nicht genügend Unterstützung, um im Leben ihrer eigenen Pferde Veränderungen vorzunehmen. Dies galt besonders dann, wenn sie sich mit Freunden und Angehörigen unterhielten, die ebenfalls

Pferde, aber keine Ahnung hatten, was ich weiterzugeben versuchte. Die meisten kamen beim nächsten Treffen nicht mehr. Menschen ohne Pferde waren jedoch dauerhaft tief berührt. Sie kamen nicht nur immer wieder, sondern teilten ihre Erlebnisse anderen auch mit, und zwar mit Freuden.

Ich sah, dass Menschen zu mir kamen und teilweise auch erlebten, was ich ihnen versprochen hatte, dies aber nicht dauerhaft mit nach Hause nehmen konnten. Ich erkannte, dass ich einen riesigen Vorteil hatte, der mir Kraft gab – in Gestalt meiner liebevollen Partnerin hatte ich ein sehr solides, bedingungsloses Unterstützungssystem zu Hause, auch wenn sich unsere Beziehung inzwischen eher in eine platonische verwandelt hatte. Aufgrund meiner Geschichte – und seien wir ehrlich, aufgrund meiner Persönlichkeit – schaute mich außerdem niemand mehr schräg an und sagte, es sei Unsinn, was ich mit meinen Pferden machte; zumindest sagten sie es mir nicht ins Gesicht.

Die meisten meiner Gäste hatten ein wunderbares Erlebnis, wie ich durch die Beurteilungsbögen erfuhr, die ich sie ausfüllen ließ, kehrten dann aber nach Hause in eine Welt voller Pferdefachleute zurück, die Druck auf sie ausübten, weiterhin das zu tun, was als normal galt und oberflächlich erfüllend war. Allmählich zweifelte ich daran, ob es mir gelingen könnte, meinen Traum in Texas zu verwirklichen. Ich brauchte Unterstützung, und ich brauchte Raum, um meine Arbeit gemäß dieser neuen Weltanschauung fortzusetzen. Ich beschloss, Kontakt zu Stormy May aufzunehmen, der Macherin des Films, der mein Leben verändert hat – *Der Weg des Pferdes*.

SECHZEHN

Gute Schokolade

*»Aus allumfassendem bedingungslosen Mitgefühl
kommt die Heilung der ganzen Menschheit.«
Dr. med. Dr. phil. David R. Hawkins*

»» Du hast mich am allermeisten überrascht. Du wurdest mir überlassen, weil man dich kaum einfangen sowie nur schwer mit dir arbeiten konnte und weil du gebuckelt hast. Zweimal hast du es darauf angelegt, dass ich den Abflug machte, aber das war zu einer Zeit, als mir diese Herausforderungen noch Spaß gemacht haben. Du warst das Pony meiner Träume, und auch heute noch bist du das vollkommenste untersetzte erdfarbene Kleinpferd, das mir je unter die Augen gekommen ist. Ich liebe dein schönes Gesicht, und die Größe deiner Seele haut mich um.

Du hast es gleich gemerkt, als wir anfingen, euch anders zu behandeln. Alle waren überrascht, als du plötzlich freundlich wurdest und in der Nähe von Menschen sein wolltest. Wer wusste, wie du früher warst, hat dich nicht wiedererkannt, obwohl du äußerlich dieselbe geblieben bist. Mir fiel auf, wie leicht es plötzlich war, deine Hufe zu bearbeiten, wie zutraulich du wurdest, als du nicht mehr gehalftert oder in anderer Weise kontrolliert wurdest.

Jeden Morgen setzte ich mich draußen auf die Weide, und insgeheim hoffte ich, du wärst unter den Pferden, die kommen, um mich zu begrüßen. Eines Tages waren alle anderen damit beschäftigt zu fressen oder die Gegend zu erkunden, aber du hast gemerkt, dass ich am Fuß der großen Eiche sitze. Du kamst hin und legtest dein Maul auf meinen Kopf. Für mich waren diese Nähe, dieses Zulassen und das Vertrauen, dass du mir in deinem neuen Bewusstseinszustand nicht weh tun würdest, noch neu. Du schobst deine Lippen in meinem Haar hin und her und putztest mich, wie du einen deiner Pferdefreunde putzen würdest.

Du führtest deine Lippen in mein Gesicht. Du schlecktest mir über die Wange. Ich bewegte mich nicht. Ich atmete und blieb ruhig, ich blieb präsent und hellwach für den Fall, dass ich dir zeigen musste, dass mir etwas unangenehm war. Du legtest deine Lippen um meine Nase. Allmählich wurde ich nervös, doch alles, was ich gelernt hatte, sagte mir, dass ich dir vertrauen und einfach präsent bleiben sollte. Ich hörte, wie sich deine Zähne voneinander lösten. Ich bat dich mit laut ausgesprochenen Worten, bitte vorsichtig zu sein und mich nicht zu beißen. Aus irgendeinem Grund ergab ich mich völlig. Deine Zähne öffneten sich um meine Nase herum, und du bliebst einfach stehen, vollkommen ruhig, mit meinem empfindlichen Körperteil zwischen deinen Zähnen. Ein paar Momente vergingen, dann zogst du dein Gesicht gerade so weit zurück, dass du Augenkontakt mit mir herstellen konntest. Ich schwöre, du hast gelächelt.

Ich war mir nicht sicher, was ich von dem halten sollte, was da gerade zwischen uns entstanden war, aber inzwischen habe ich ein ähnliches Verhalten zwischen dir und vielen anderen in der Herde beobachtet. Es ist eine freundliche Geste, und ich habe nie gesehen, dass sie ins Verletzende eskaliert wäre. Sie war innig, liebevoll und voller Vertrauen. Du hast mir die Hoffnung geschenkt, dass ich diese Art der Innigkeit eines Tages mit einem anderen Menschen teilen kann, ohne je mehr sein zu müssen als zwei Seelen, die sich in einem Moment der Wahrheit begegnen.«

Ich traf Stormy im November 2012 in New York bei Probeaufnahmen für ihren Dokumentarfilm. Wir verbrachten ein schönes Wochenende miteinander und wurden gute Freundinnen. Im darauffolgenden Monat flog ich zu ihr nach Nordkalifornien, um ihre Familie kennenzulernen und unsere Gespräche über einen Gnadenhof für Pferde und Menschen fortzusetzen. Es war so wohltuend, mit Menschen zusammen zu sein, die nicht nur verstanden, sondern sogar bereit waren, fortwährend zu hinterfragen, was viele andere sich aus lauter Angst noch nicht einmal anschauen wollten. Bei meinem nächsten Besuch machte sie mich mit weiteren Leuten bekannt, die Pferde auf diese Art und Weise begriffen und die ihr altes Leben bereits hinter sich gelassen hatten, um Gnadenhöfe für die Pferde einzurichten. Die Energie dieser Region war völlig anders als zu Hause. Auch die Menschen wirkten hier anders. Bei diesem Besuch begleitete mich Brandy, und wir beide verliebten uns in alles, was diese Region zu bieten hatte. Innerhalb weniger Monate verließen wir Texas, um uns auf dem, was die Pferde uns gelehrt hatten, ein neues

Leben aufzubauen. Unmittelbar südlich der Grenze zu Oregon fanden wir eine neue Heimat.

Es war kein wohlüberlegter Entschluss, aber das machte uns nichts aus. Ich wusste, dass ich bis dahin in Texas alles getan hatte, was ich konnte, und ich musste mich da herausnehmen und die Freiheit haben, meiner neuen Wahrheit in Ruhe auf den Grund zu gehen. Ich hatte ja keine Ahnung, was für einen großen Sprung wir damit machen sollten. Im Mai 2013 erfuhren wir von einem kleinen Grundstück in der Hochwüste nördlich des Mount Shasta, das uns und unsere Tiere ernähren könnte. Bis Juli hatten wir den Besitz erworben und so ziemlich alles verkauft, was wir damals besaßen und was nicht in unseren kleinen Lastenanhänger oder das Wohnmobil passte, das wir uns für die Fahrt zugelegt hatten und das unser neues Zuhause werden sollte. Wir investierten unsere gesamten Ersparnisse in die Reise und in den Transport der Pferde als eine einzige große Gruppe, und ich überließ mein Unternehmen meiner Auszubildenden, die es im Laufe des nächsten Jahres allmählich übernehmen konnte.

Innerhalb weniger Monate hatte ich mich also von einem ziemlich normalen Leben mit zwei neuen Autos vor der Tür, einem großen Haus und einem üppigen Einkommen zu einem Leben in der Wüste, fernab jeglicher Zivilisation, in einem winzigen Wohnwagen und mit einem Auto für zwei Menschen entwickelt, die eine gemeinsame Vision sowie dreizehn Pferde, fünf Hunde, drei Katzen und drei Schweine hatten und alle miteinander von einem einzigen Einkommen lebten – dies alles, weil wir einen Traum verwirklichen und zu Ehren der Pferde, die unser Leben verändert hatten, die Wahrheit leben wollten. Ich muss sagen, rückblickend hätte ich es vielleicht ein klein wenig anders gemacht.

Unmittelbar bevor wir Texas verließen, ging ich auf Visionssuche in freier Natur, zu der auch ein zwei Tage und zwei Nächte umfassendes Fasten, ganz allein und mit nichts als einem Rucksack sowie einer sehr einfachen Grundausrüstung fürs Überleben gehörte. Es war das allererste Mal in meinem Leben, dass ich einen Tag, geschweige denn achtundvierzig Stunden, vollkommen allein mit meinen Gedanken und ohne eine einzige Ablenkung von ihnen verbrachte. Es war ein furchterregendes und unangenehmes Erlebnis und es zeigte mir, wie weit ich tatsächlich noch von innerem Frieden entfernt war, wenn ich mir völlig selbst überlassen blieb. Nie war mir so deutlich bewusst geworden, wie sehr ich mich auf Tiere und andere Menschen verließ, um in der Welt zurechtzukommen. Es machte mir schonungslos klar, wie sehr ich mir all die Jahre selbst aus dem Weg gegangen war sowie Komfort, Kontrolle und Pferde als Ablenkung benutzt hatte, um mich nicht mit meinem inneren Chaos auseinandersetzen zu müssen. Es vermittelte mir einen kurzen Einblick in das, was vor mir lag, aber ich konnte nicht ahnen, wie sehr meine Welt tatsächlich noch aus den Fugen geraten sollte.

Unsere neuen Freunde übertrafen sich selbst mit der Versorgung unserer Pferde, bis wir angekommen waren und uns einrichten konnten. Es bestand die Aussicht auf eine Zusammenarbeit, doch schon nach kurzer Zeit zerschlug sie sich. Draußen in der Wüste, weit weg von Familie und guten Freunden, mit einer Lebensweise, auf die ich überhaupt nicht vorbereitet, und in einer Umgebung, die in jeder Hinsicht neu für mich war, verlor ich die Selbstkontrolle. Brandy hatte eine Arbeit, durch die sie öfter weg als zu Hause war, und so blieb ich allein in der Wüste mir selbst und fünfundzwanzig Tieren überlassen, die ich inzwischen als gleichwertig betrachtete. Schnell wurde mir klar, dass ich nicht einmal wusste, wie ich unter diesen Bedingungen für mich selber, und noch viel weniger, wie ich für sie sorgen sollte. Es war – und in gewisser Hinsicht ist es dies immer noch – die schwierigste Herausforderung in meinem Leben. Es ist alles andere als leicht, sich mit sich selbst auseinanderzusetzen, wenn man so lange vor sich weggelaufen ist, und doch hatte ich genug vom Weglaufen und konnte mir damals keine andere Entscheidung vorstellen.

Seit wir hierher gekommen sind, haben wir viele Entscheidungen getroffen, besonders in finanzieller Hinsicht, die uns nicht gut bekommen sind. Wenn man weit weg ist von allem, was einen früher getragen hat, wird einem mit überwältigender Wucht bewusst, wie lange man nach bestimmten, wohltuenden Dingen süchtig war. Außerdem erkennt man, wie viel man für selbstverständlich gehalten hat, zum Beispiel ständig verfügbare Wärme und eine Toilette mit Wasserspülung. Hier draußen gibt es kein anderes Heilmittel gegen Einsamkeit als dass man lernt, sich selbst zu lieben. Es gibt kein anderes Heilmittel gegen das Geplapper im Kopf als ein mitfühlender und urteilsfreier Beobachter seiner eigenen Gedanken zu werden. Zeitweise ist es immer noch beängstigend und schwierig, und doch bin ich nie weit von einem tiefen Gefühl inneren Friedens und der Ergebung entfernt, was früher nicht zu meinem Leben gehört hat. Es war ein Kampf, und der Kampf ist noch nicht vorbei, doch Tag für Tag kommen wir unserem Traum einen Schritt näher, lebendige Beispiele für die bedingungslose Liebe zu werden, die unsere Pferde uns und die wir im Umgang mit ihnen vorleben. Dadurch waren wir gezwungen, sehr schwierige persönliche Entscheidungen zu treffen, damit wir so geheilt und vollständig werden können, wie es uns nur irgend möglich ist, um einander und dem Rest der Welt *mehr* geben zu können.

Ich habe kein Interesse mehr daran, mir einen Namen zu machen. Heute möchte ich einfach nur noch ein authentisches Beispiel für das sein, was meiner Meinung nach die Lösung für alle großen Probleme der Welt ist – *Liebe*. Ich möchte nur noch die Wahrheit suchen, Liebe sein und den Mut haben, dies auch aktiv umzusetzen. Dreißig Jahre schlechter Gewohnheiten stehen bei mir einem Jahr neuer Erkenntnisse entgegen, es liegt also noch ein weiter Weg vor mir, aber ich habe mich auf diesen Prozess eingelassen und ich habe die Pferde, die mir tagtäglich vor Augen führen, wie er aussieht. Sie sind ein beeindruckendes Beispiel für Heilung und Harmonie geworden und dafür, wie viel sich ändern kann, wenn man bedingungslos unterstützt wird. Dies lässt mich hoffen, dass dann, wenn die Menschen lernen, einander so zu behandeln, wie wir diese Pferde zu behandeln gelernt haben, die Chance auf eine bessere Welt besteht – für Menschen, für Pferde, für uns alle. Solange sich die Welt von »Richtig« und »Falsch« vereinnahmen lässt, leiden wir. Das Wesen dessen, wer und was wir unter dem ganzen Ego wirklich sind, ist bedingungslose Liebe. Hier gibt es kein Richtig und Falsch, und an die Stelle des Urteilens tritt Verständnis.

Je näher wir dem kommen, wer wir wirklich sind, desto weniger Schmerz und Leid wollen wir uns und dem Rest der Welt zufügen. Ich glaube, hier liegt der Schlüssel – nicht in einer Verhaltensänderung aufgrund von Schuld- und Schamgefühlen oder einer moralischen Verpflichtung, sondern indem wir zulassen, dass sich unser schädliches Verhalten durch unseren Daseinszustand ändert. Wenn wir dauerhafte Veränderungen auf der Erde wollen, dann müssen wir uns bewusst auf einen höheren Daseinszustand zu bewegen. Wir müssen den Mut haben, die Wahrheit zu suchen, so unbequem sie auch sein mag, damit wir wissen, wovon wir uns abwenden müssen, weil es uns nicht mehr dient.

Wenn ich aus Liebe handle, dann stehen meine Entscheidungen im Einklang mit der Liebe. Wenn ich aus Angst handle, dann hat sich, selbst wenn meine Handlung oberflächlich genau gleich aussieht, die zugrundeliegende Energie nicht verändert, und ich verstetige das Problem, das ich eigentlich lösen will.

Ich verstehe die Angst. An manchen Tagen verspüre ich sie auch selbst noch, obwohl sie mit dem, was ich früher empfunden habe, nicht mehr zu vergleichen ist. Es ist superbeängstigend, sich von allem zu lösen, was einem sicher erscheint und mit einem Satz ins Unbekannte zu springen, aber ich bin nicht hierher gekommen, um mich sicher zu fühlen. Ich bin hierher gekommen, um zu leben. Ich bin hierher gekommen, um zu erfahren und zu begreifen, was es heißt, ein Mensch zu sein, und um mich immer wieder aufs Neue zu verlieben in den, der ich bin, und in das, was ich bin.

Wir sind erstaunliche Wesen mit einem hohen schöpferischen Potenzial, das sehr oft auf Aktivitäten wie das Dominieren von Pferden verschwendet wird, damit wir zum Spaß auf ihnen herumreiten können. Wir werden in derartige Aktivitäten hineingesogen und süchtig nach ihnen, weil wir dadurch der Auseinandersetzung mit unserem Schmerz aus dem Weg gehen und vor allem davonlaufen können. Doch erst in der Auseinandersetzung mit unseren Ängsten schöpfen wir Mut und erleben die wahren Freuden und Vergnügungen, die dieses Leben uns zu bieten hat. Wo Angst ist, ist keine Freiheit.

Etwas mehr als ein Jahr habe ich mit meinen Pferden und anderen tierischen Freunden in der Wüste verbracht. Es war nicht leicht. Es gab Zeiten, in denen ich ernsthaft an meiner geistigen Gesundheit zweifelte, in denen ich raus wollte, in denen ich sehr harsch mit mir ins Gericht ging, weil ich uns so viele drastische und schwierige Veränderungen aufgebürdet hatte. Ich habe jedoch festgestellt, dass ich, wenn ich mich aufmache, um mit anderen Menschen zusammen zu sein, jetzt freundlicher zu ihnen bin, als ich es früher war. Ich habe gelernt zuzuhören, und wichtiger noch, ich *will* wirklich zuhören. Mein innerer Schmerz ist so weit gelindert, dass ich oft bei jemandem sein kann, der gerade sehr viel Schmerz empfindet, ohne dass es negative Auswirkungen auf mich hat. Ich kann denen, die es brauchen, eine echte Quelle des Trostes sein. Ich bin nicht mehr so schnell zu verärgern. Ich verspüre nicht mehr das Bedürfnis, mich zu verteidigen oder viel über irgendetwas zu streiten, und das ist für mich ein großer Fortschritt, auch im Hinblick auf Pferde.

Ich habe mich so sehr verändert – was allen auffällt, die mich von früher kennen und mir heute wieder begegnen. Ich bin so sehr ein anderer Mensch geworden, dass ich nicht mehr in Frage stelle, ob meine Gründe für mein Handeln berechtigt waren. Ich heile, und ich werde die bestmögliche Version meiner selbst, auch wenn es dauert.

Wie sehr ich mich verändert habe, wurde mir erst neulich wirklich klar. Etwas mehr als ein Jahr nach meiner ersten Visionssuche in freier Natur hatte ich das Glück, an einer zweiten in der unberührten Natur von Oregon teilnehmen zu dürfen. Dieses Mal gehörte dazu ein drei Tage und drei Nächte währendes Fasten, bei dem man ganz auf sich allein gestellt ist. Es war nicht nur recht mühelos und ich hatte nicht nur mit meinem Verstand und meinen Gedanken Freundschaft geschlossen, sondern wenn ich völlig ehrlich bin – war es diesmal wie ein abgefahrener Urlaub im Vergleich zu meinem normalen Alltag auf dem Gnadenhof.

Ich bin heute stärker denn je, und obwohl es immer noch eine große Herausforderung für mich ist und noch unheimlich viel Arbeit vor mir liegt, glaube ich jetzt an mich und an die Botschaft, die weiterzugeben ich hergekommen bin.

Einen Teil dieser Botschaft möchte ich Ihnen nun vermitteln.

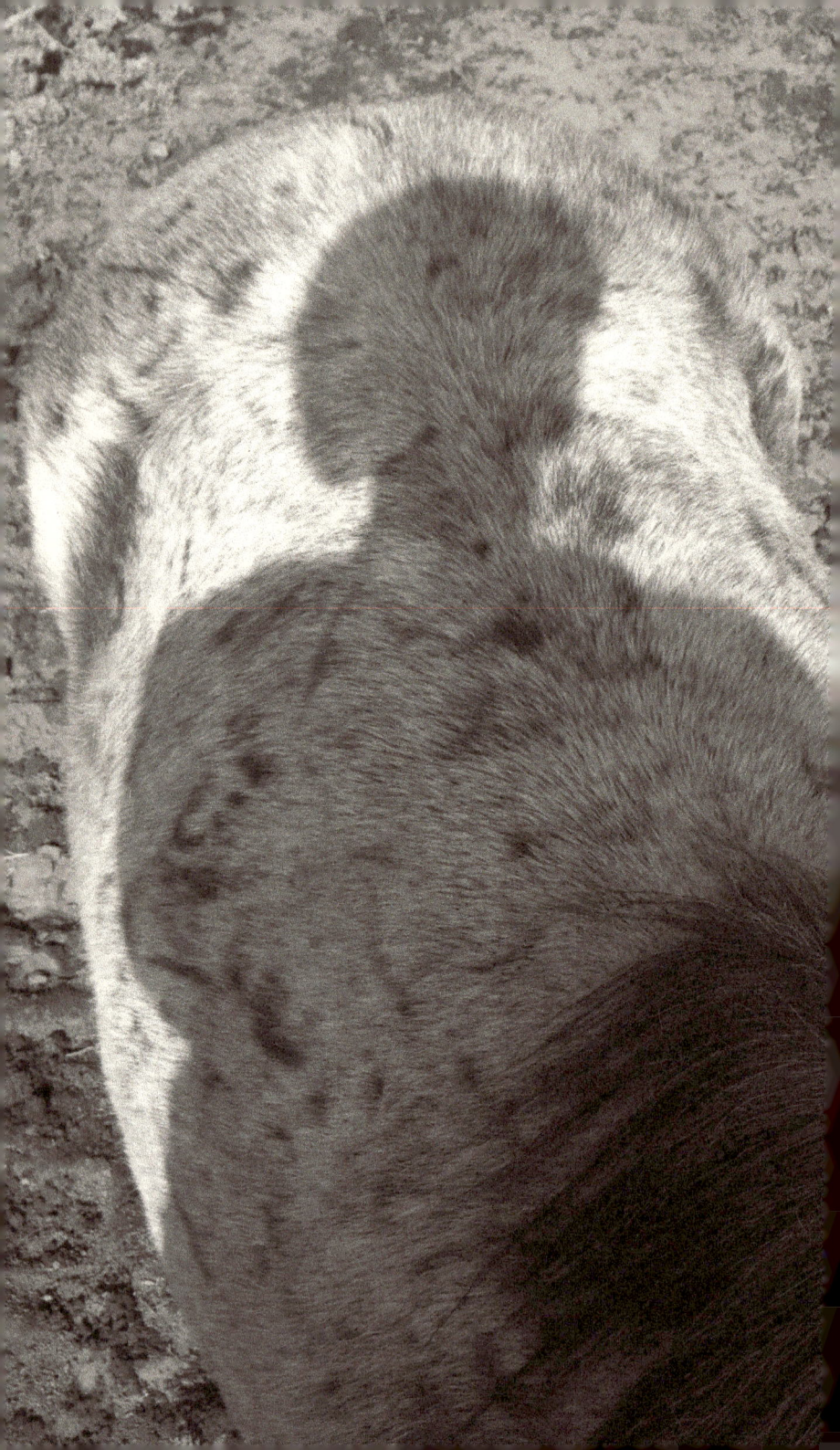

SIEBZEHN

Macht & Verantwortung

»Macht über andere ist Schwäche, die sich als Stärke verkleidet.«

Eckhart Tolle

>> Das Reiten aufzugeben war für mich vergleichbar mit dem Entschluss eines Alkoholikers, nicht mehr zu trinken. Mein Verstand, und auch mein Herz, sagten mir, dass ich das Reiten nicht mehr brauchte. Ich wusste, dass es mir nicht mehr dient; doch das Verlangen war immer noch da. Ich nährte ein Fünkchen Hoffnung, dass ich vielleicht völlig falsch lag, dass du vielleicht doch nichts dagegen hättest, wenn ich für einen kleinen Ausritt nur so zum Spaß auf dich stieg. Vielleicht liebtest du mich ja so sehr, dass ich dir weh tun durfte. Alle paar Monate überkam es mich, und wenn du dann in der Nähe von irgendetwas standest, was mir leichten

Zugang zu deinem Rücken verschaffte, rannte ich sofort hin, stellte mich drauf und wartete ab, wie du reagieren würdest, wenn ich dir signalisierte, dass ich aufsteigen könnte.

Jedes Mal, selbst als du schon ein ganzes Jahr nicht mehr geritten worden warst, weiteten sich deine Augen, versteifte sich dein Hals und du tratst zur Seite. Als du in der Ausbildung warst und geritten wurdest, wusstest du, dass du besser nicht weggehst, doch nun, da du deine Stimme gefunden hattest, warst du dir über deine Gefühle im Klaren.

Schließlich wurde ich wirklich trocken und verlor jeden Wunsch, auf dir zu sitzen. Eines Tages stieg ich im Spiel auf einen Stein neben der Stelle, an der du standest. Ich beugte mich über deinen Rücken, streichelte deinen Körper und küsste dein weiches Fell. Du hast dich nicht gerührt. Du hast noch nicht einmal geblinzelt. Du bliebst völlig entspannt und gelassen und fraßt zufrieden dein Heu, weil du ohne den geringsten Zweifel wusstest, dass ich dich auf keinen Fall mehr ausnutzen würde. Du wusstest, dass ich gelernt hatte, dich zu lieben, und du hast mich so sehr geliebt, dass du nicht nur nein zu mir gesagt hast, wenn ich es brauchte, sondern dass du mir vertraut hast, wenn ich es verdient hatte. Ich liebe dich so sehr, meine schöne schwarze Velvet, und ich werde dieses Vertrauen niemals missbrauchen. «

Auf meinem Weg war es eines der am schwierigsten zu überwindenden Hindernisse, dass ich auch dann noch auf die Menschen gehört habe, die ich in meinem Leben am meisten bewunderte, wenn sie beim Thema Pferd meinen Vorstellungen diametral entgegenstanden. Einigen schulde ich größten Dank dafür, dass sie mir geholfen haben, der Mensch zu werden, der ich jetzt bin, und doch musste ich irgendwann ihre Rolle als Lehrer in meinem Leben loslassen und zu meiner eigenen Wahrheit stehen, genau wie sie es mich gelehrt haben. Ein Gebiet, auf dem dies der Fall war, ist die Rolle des Pferdes, wenn es die Erlaubnis erteilt, auf seinen Rücken zu steigen.

In meiner Einführung zu Kapitel 14 haben Sie Cisco kennengelernt, das letzte Pferd, das ich je geritten habe. Ich bin mir zweifelsfrei sicher, dass er mir an jenem Tag erlaubt hat, auf seinen Rücken zu sitzen. Allerdings fühlte es sich keineswegs so an, als wolle er dies auch selbst, und ich war damals schon viel zu bewusst, um so etwas zu ignorieren. Wie oft erlauben wir in unserem Alltag anderen etwas auf unsere Kosten? Wie oft sagen wir ja zu etwas, was wir eigentlich lieber nicht tun würden? Als ein Mensch, der fast sein ganzes Leben lang nur das Ja und nicht den Grund gesucht hat, der dahintersteht, empfinde ich es als sehr wichtig, über das Thema Macht und Verantwortung zu sprechen, die ich von diesen Pferden gelernt habe.

Als ich noch sehr klein war, wurde ich von einem älteren Familienmitglied, dem ich vertraute, sehr schädlichen sexuellen Situationen ausgesetzt. Habe ich mich dagegen gewehrt? Nein. Habe ich die Erlaubnis erteilt? Man hätte es sehr wahrscheinlich so wahrnehmen können, weil ich bereitwillig mitgemacht habe. Selbst wenn man mich ausdrücklich gefragt hätte, hätte ich mit meinem kindlichen Verstand wohl die Erlaubnis zum Mitmachen erteilt, weil ich es einfach nicht besser wusste.

Aber wenn eine junge Frau ja sagt, bevor sie dazu bereit ist, ist sie dann wirklich damit einverstanden? Wenn jemand, der nicht gelernt hat, Grenzen zu setzen, in einer Situation, die ihm in Wahrheit Schmerzen zufügt, ja sagt, ist dies dann deshalb in Ordnung? Die Frage ist schwer zu beantworten, aber ich denke folgendermaßen darüber: Wenn der Mensch, der um etwas bittet, in seinem Verlangen authentisch ist und nicht die Absicht hegt, Schaden zuzufügen, und wenn ihm dann die Erlaubnis erteilt wird, ist er seiner Verantwortung in der Situation gerecht geworden. Wenn jedoch der Mensch, der um Erlaubnis bittet, um den Schaden weiß, der durch seine Bitte angerichtet werden könnte, und trotzdem weitermacht, dann gibt dies Anlass zur Sorge.

Manchmal war ich ein solcher Mensch. Ich wusste genau, was ich wollte, und bürdete die gesamte Verantwortung für ein Ja oder Nein der anderen Seite auf, ungeachtet dessen, ob ich etwas Gegenteiliges von ihnen spüren konnte. Manchmal tat ich das Schlimmste, was ich tun konnte, und handelte nach einem gefühlten »Ja«, wenn ausdrücklich »Nein« gesagt worden war – insbesondere dann, wenn ich spüren konnte, dass jemand nur aus Angst statt aus seinem wahren Wunsch heraus »Nein« gesagt hatte, was ich dank meiner ganzen Erfahrung als »Pferdeflüsterin« an seiner Energie spüren und an seiner Körpersprache ablesen konnte. Rückblickend denke ich heute, dass mich dies zu einem Ungeheuer machte, aber ich lerne, weniger zu verurteilen und ein wenig mehr zu verstehen und Mitgefühl auch für mich und meinesgleichen zu entwickeln.

Wahr ist, dass man dieses Thema kaum diskutieren und nur schwer verstehen kann. Viele Menschen, die mir sagten, es sei in Ordnung, Pferde zu reiten, kannten die wissenschaftlichen Belege für die Schäden nicht, die das Reiten beim Pferd verursacht. Ich kannte sie. Selbst wenn mir die Erlaubnis erteilt wurde, war ich aufgrund meines Wissens um die Schädigungen, die ich bewirkte, doch dafür verantwortlich, eine bessere Entscheidung zu treffen, eine Entscheidung, bei der die andere Seite als gleichberechtigt betrachtet wurde, ganz egal, was sie zu erlauben bereit war.

Dies brachte mich auch zum Nachdenken über die Meinungen von Leuten, die bei ihrer Arbeit mit Pferden Tierkommunikation einsetzen. Viele Tierkommunikatoren oder deren Kunden hatten mir gesagt, ihren Pferden mache es Spaß, geritten zu werden. Sehr lange war mir das unbegreiflich. Ich habe dreizehn Pferde auf meiner Weide, und mit Ausnahme von Shai ist die Vorstellung, geritten zu werden, nach zwei Jahren völliger Freiheit für kein einziges von ihnen in Ordnung. Ich habe das gründlich ausprobiert, nur um auch wirklich sicher zu sein. Nachdem ich sehr viel Zeit mit unseren Pferden in geheiltem Zustand verbracht hatte, besonders mit Shai, bei dem ich mir die Zeit nahm, ihn außerdem auf einer intellektuellen Ebene auszubilden und zu entwickeln, wurde recht deutlich, wie die Antwort lautete, wenn ich zu anderen Pferden kam, die ein übliches domestiziertes Pferdeleben führten. Sie hatten eine völlig andere Perspektive. Im Allgemeinen hatten sie keine Ahnung, wie das Leben aussehen könnte, wenn sie nicht geritten und ausgebildet würden und noch viel weniger, dass so etwas überhaupt möglich wäre. Sie befanden sich eindeutig in einem Zustand erlernter Hilflosigkeit, und wenn Ihnen schon einmal ein Mensch in einem solchen Zustand begegnet ist, dann wissen Sie genau, wovon ich spreche.

Nehmen wir um des Argumentes willen einfach mal an, dass Tierkommunikation möglich ist und dass diese Pferde wirklich die Erlaubnis erteilt oder zugegeben hatten, dass es ihnen Freude macht, geritten zu werden. Wenn ich ein Kind bäte, eine Entscheidung zu treffen, so wie es mir passiert ist, als ich der schädlichen sexuellen Begegnung ausgesetzt wurde – wäre es dann verantwortungsbewusst von mir anzunehmen, das Kind wisse schon, was das Beste für es ist? Wenn ich jemanden um etwas bitte, der so lange kontrolliert worden ist, dass er noch nicht einmal weiß, was das Beste für ihn ist, sollte ich dies dann ausnutzen? Wie kommen wir überhaupt auf die Idee, dass ein Durchschnittspferd solche Fragen über das Reiten mit reifer Verständigkeit beantworten kann? Die meisten Pferde sind so hoffnungslos konditioniert, dass sie keineswegs selbstsicher zum Ausdruck bringen könnten, was sie empfinden. Im Grunde sind sie einer Gehirnwäsche unterzogen und vollständig von der Domestizierungssekte indoktriniert worden.

Hier geht es nicht um Richtig oder Falsch, sondern um Verantwortung und darum, dass wir unsere Macht auf eine Art und Weise nutzen, die uns und denen dient, die uns am Herzen liegen. Wenn man Macht über andere hat, was beim Reiten von Pferden immer der Fall ist, ist es äußerst wichtig, dass diese Macht mit einem hohen Verantwortungsbewusstsein gekoppelt ist. Ich habe ausgiebig nach Gründen gesucht, weshalb es in Ordnung sein könnte, dass ich wieder auf einen Pferderücken steige und dieses Gefühl genieße, doch wenn ich dem Pferd wirklich Rechnung trage, dann gibt es keinen. Das Pferd hat nichts davon, wenn ich auf seinem Rücken bin, und ich setze es einem hohen Verletzungsrisiko aus, selbst wenn ich die Reitkunst absolut meisterlich beherrsche, was selten der Fall ist.

Hier geht es darum, auf unserem Weg zu dem Leben und der Welt, die wir zu erschaffen hoffen, sehr genau hinzuschauen, was wir tun – und bereit zu sein, die Berechtigung unseres Handelns zu hinterfragen. Wollen Sie eine bessere Welt? Steht Ihr Handeln im Einklang damit, Güte, Liebe und Verständnis zu schaffen? Falls es nicht so ist, besteht keinerlei Hoffnung auf Veränderung, solange Sie nicht den Mut finden, sich mit sich selbst auseinanderzusetzen und etwas anders zu machen.

Wenn ein Ereignis meinen Wunsch, domestizierte Tiere anders zu sehen, stark geprägt hat, dann war dies wohl, als ich Shai zum ersten Mal Farben lehrte. Eine meiner NHE-Lektionen verlangte, Shai verschiedene Farben und Gegenstände beizubringen und ihn dann zu bitten, auf Verlangen die richtigen Farben und/oder Gegenstände auszuwählen. Er brauchte noch nicht einmal eine Viertelstunde, bis er den Unterschied zwischen Blau, Lila und Rot gelernt hatte, und er machte nie auch nur einen einzigen Fehler. Ich unterrichtete ihn genauso, wie ich ein kleines Menschenkind unterrichtet hätte. Zusammen mit den Videos und dem Material, das ich über Alexander Nevzorovs Pferde und ihren Lateinunterricht studiert hatte, bewirkte dieses Erlebnis, dass ich mich umdrehte, in mein Schlafzimmer ging und mir schwer überlegte, ob ich je wieder herauskommen würde. Viele Male warf ich einen kurzen Blick aus dem Fenster und schaute dieses wunderbar intelligente Wesen an, das ich in einem Pferch gefangen hielt, damit ich mit ihm spielen konnte, wie es mir gefiel, und die Tränen liefen mir in Strömen übers Gesicht.

Weil ich das Intelligenzniveau von Tieren so lange und so abgrundtief unterschätzt hatte, kam ich mir jetzt, da ich vor der Wahrheit stand, was sie tatsächlich zu begreifen vermögen, in ihrer Gegenwart wie eine Sklavenhalterin vor. Kein Wunder, haben wir doch dafür gesorgt, dass sie dumm bleiben. Ist das nicht auch die Methode, mit der wir Angehörige unserer eigenen Art lange unter Kontrolle halten können? Solange man lediglich bereit ist, den anderen an seinen eigenen Vorstellungen von ihm zu messen, wird man seine intellektuellen Fähigkeiten nie verstehen können. Wenn wir Tiere für dumm erachten und sie unter unserer Kontrolle halten, dann bleiben sie auch dumm, es sei denn, wir schaffen eine Umgebung und eine Situation, in der sie sich weiterentwickeln können.

Ich habe Shai nie wieder auf diese Art und Weise unterrichtet. Nachdem ich erkannt hatte, welches Potenzial in ihm steckt, diente es mir mehr, ihn einfach Pferd sein zu lassen. Aufzugeben, was er und ich zusammen erreicht hatten, verlangte mir sehr viel ab, doch als wir auf unseren kleinen Gnadenhof nach Kalifornien zogen, ließ ich ihn kastrieren und gab ihm die Chance, zum allerersten Mal mit den anderen Pferden zusammenzuleben und einfach so zu sein wie sie. Es dauerte seine Zeit, bis er mich nicht mehr um Unterricht bat, aber schließlich gewöhnte er sich ein und wurde der beliebteste Kerl auf der Weide. Wir haben immer noch etwas Besonderes, aber es ist nicht mit dem zu vergleichen, was wir früher hatten, und ich wünschte, jeder wüsste, welche Hingabe es erfordert, eine solche Beziehung zu einem Pferd, insbesondere zu einem Hengst, aufrecht zu erhalten. Ich bezweifle, dass viele Leute dies wollten, wenn sie wüssten, wie ebenbürtig ihnen dieses Pferd würde.

Als 2013 der Dokumentarfilm *Blackfish – Der Killerwal* herauskam, konnte ich ihn kaum ansehen – nicht wegen des Missbrauchs der Tiere, um den es in dem Film geht, sondern weil ich während des gesamten Films nicht aus dem Kopfschütteln herauskam und immerzu vor mich hinmurmeln musste: »Ist das in irgendeiner Hinsicht etwas anderes als das, was wir Pferden antun?« Ich war begeistert, welche Auswirkungen dieser Film für Killerwale in Gefangenschaft hatte, aber ich war frustriert, dass die Welt es im Allgemeinen immer noch für akzeptabel hält, wenn an Pferden genau dieselben Verbrechen begangen werden.

Erstens unterscheiden sich Pferde biologisch in nichts von ihren wilden Artgenossen. Zweitens töten Pferde als Reaktion auf die Schmerzen, die wir ihnen zufügen, tagtäglich Menschen. Drittens wünschte ich, jeder Mensch wüsste, welche Lebenserwartung ein domestiziertes Pferd im Vergleich zu einem gesunden Wildpferd hat, genau wie der Film es bei Orcas deutlich gemacht hat.

Wir misshandeln Pferde bei praktisch allem, was wir mit ihnen tun, und weil wir es schon so lange tun und es den Menschen so gut gefällt, kümmert es offensichtlich nur wenige. Oh, ich vergaß, dass mit der Misshandlung von Pferden ja auch Milliarden verdient werden. Heißt dies, wir sollten alle unsere Pferde auswildern? Natürlich nicht. Es heißt einfach, wir sollten darüber nachdenken, sie nicht als Sportgerät zu benutzen oder sie zu unserem Spielzeug heranzuzüchten. Stattdessen könnten wir Gnadenhöfe einrichten, vielleicht sogar im eigenen Garten, und anfangen von ihnen zu lernen, wie man eine bessere Welt schafft und ein glücklicherer, vollständigerer Mensch wird.

Zahllose Leute wollten mit mir darüber sprechen, was ich mit Pferden mache, nur um es dann gleich wieder in Frage zu stellen, indem sie sinngemäß bemerkten: »Ach, ich könnte nie aufhören zu reiten. Wovon sollte ich dann leben?« oder »Machen Sie sich überhaupt eine Vorstellung davon, wie viele Menschen arbeitslos würden, wenn keiner mehr reiten würde?« Dann schaue ich sie nur unverblümt an und frage sie, ob sie nicht gehört hätten, dass ich genau dies ebenfalls hinter mich gebracht und mir etwas anderes gesucht hätte und dabei nicht gestorben war. Ich habe vielleicht keine große menschliche Familie, aber ich habe fünfundzwanzig Tiere, die ich versorgen muss, und wir tun, was wir können, um über die Runden zu kommen. Wenn dies am Ende des Jahres bedeutet, dass ich wieder in einem Büro arbeiten muss, bis ich herausgefunden habe, was der nächste Schritt sein kann, dann werde ich eben genau dies tun. Wie Antoine de Saint-Exupéry im *Kleinen Prinzen* sagt: »Du bist zeitlebens für das verantwortlich, was du dir vertraut gemacht hast.«

Ich nehme meine Verantwortung heute sehr ernst. Mehr noch, ich nehme mir die Zeit herauszufinden, wer ich ohne Pferde bin, damit ich entdecken kann, was ich wirklich und ganz aus mir heraus von Herzen gerne tun will. Vielleicht wird es ja das Schreiben. Vielleicht wird es etwas anderes. Ich weiß es nicht, und es ist auch gar nicht so wichtig. Woran mir wahrhaft liegt, sind diejenigen, die ich liebe, und ich bin nicht mehr bereit, ihnen Schaden zuzufügen, damit ich finanziellen Nutzen aus ihnen schlagen kann.

ACHTZEHN

Ernährungs-Evolution

> *»Nichts wird der menschlichen Gesundheit so sehr nützen und die Chancen für ein Überleben auf der Erde so steigern wie die Evolution zu einer vegetarischen Ernährungsweise.«*
> *Albert Einstein*

» Dein kleines Zuhause ist ein magischer Ort für mich, an dem ich gerne bin. In deiner Gegenwart kann ich einfach unmöglich unglücklich sein. Mit dir kann ich unbeschwerter umgehen als mit den Pferden hier, weil ich dich bestimmt nie geritten oder dir weh getan habe. Ganz offensichtlich habe ich dich auch nicht gegessen, weil du nämlich hier bist, sicher und wohlbehalten für den Rest deines Lebens. Du bringst mich zum Lächeln, und ich streichle zu gerne deinen Bauch – ein Bauch, der meiner Meinung nach eindeutig zum Kraulen und nicht zum Essen gemacht ist.

Es gab eine Zeit, in der es mich belastet hat, wenn Nahrungsmittel schlecht wurden, bevor wir sie essen konnten, besonders als unsere Mittel recht begrenzt waren und wir angefangen hatten, hauptsächlich Bio-Ware zu kaufen. Du hast dies alles verändert. Wenn heute Nahrungsmittel nicht von uns Menschen verwendet werden können, dann bereite ich sie stattdessen liebevoll für dich zu. Nichts wird weggeworfen. Es erfüllt mich mit großer Freude, dich auf diese Art zu verwöhnen. Du freust dich immer so sehr, wenn ich dir etwas Leckeres bringe, und für dich ist alles lecker.

Über deine Vorliebe für Bier und Wein muss ich lachen, aber ich weiß nicht, warum sie mich überraschen sollte. Was ist Bier anderes als flüssiges Getreide? Ihr drei gehört zu den charmantesten Wesen, mit denen ich je das Vergnügen hatte, zusammen zu sein, und ohne euch wäre unser Leben hier nicht dasselbe. Dass mein Tag mit eurem erstaunlich breiten Spektrum an Prust-, Grunz- und Quieklauten beginnt, ist etwas, wofür ich dankbar sein kann. Danke, Hercules, Francis und Samson, dass ihr mir zeigt, wer ihr seid, und dass ihr bei mir seid, während ich mich von tiefen alten Wunden heile. Ich habe solche Freude an eurer Gesellschaft, und ich bin sehr froh, dass ihr mich gelehrt habt, dass man seine Freunde nicht isst. 《

𝒟ie ersten dreißig Jahre meines Lebens habe ich in Texas verbracht, wo ich mit einer Ernährung aufgewachsen bin, bei der die meisten Mahlzeiten aus einer Kombination von Rind-, Schweine- und Hühnerfleisch sowie Käse und Brot bestanden. Fast Food stand regelmäßig auf meinem Speiseplan, und Gemüsesorten, die nicht aus der Dose kamen, habe ich größtenteils sogar erst als Erwachsene probiert. Am College belegte ich einen

Kurs, bei dem ich den gesamten Schlachtvorgang vom lebenden Schwein bis zum Fleisch auf dem Teller mit ansehen musste, und danach bin ich mit Freunden quietschvergnügt Burger und Rippchen essen gegangen. Als ich mit etwa achtzehn Jahren eine Zeitlang stark übergewichtig wurde, sahen mein Freund und ich uns den Film *Supersize Me* an und zogen uns anschließend zum Spaß, wie wir meinten, das fetteste, ungesündeste Essen rein, das man in einer Fastfood-Kette in der Nähe bekommen konnte. Damit wollten wir feiern, was wir soeben erfahren hatten. Unnötig zu erwähnen, dass ich mein Leben lang mit Esssucht, schlechter Ernährung und meinem Gewicht zu kämpfen hatte. Nie hätte ich mir vorgestellt, dass ich je den Wunsch entwickeln könnte oder würde, Vegetarierin zu werden, und noch viel weniger, dass ich eines Tages auf eine rein pflanzliche Kost umsteigen und meine langjährige Liebe zu Käse aufgeben würde.

Als Shai in mein Leben trat, wollte ich alles tun, was ich nur konnte, um eine wunderbare Beziehung zu ihm zu erreichen. Ich hatte gelesen, dass Pferde riechen können, ob man Fleisch isst oder nicht, was sie als Anzeichen begreifen, ob man ein Raubtier sein könnte, was es wiederum schwerer macht, Vertrauen aufzubauen. Ob das stimmt oder nicht, sei dahingestellt, aber es hat mich zum Nachdenken darüber angeregt, dass es wahrscheinlich nicht sonderlich sinnvoll ist, wenn ich Tiere esse und gleichzeitig versuche, mir den Aufbau einer Beziehung zu ihnen zum Lebensinhalt zu machen. Im Gegensatz zu vielen anderen war ich damals für das Schlachten von Pferden, weil ich keinen Unterschied erkennen konnte, ob man nun Pferde oder Rinder isst. Für mich war jeder Fleischesser, der energisch gegen die Pferdeschlachtung war, ein großer Heuchler. Mein Politikwissenschaftsprofessor auf dem College würde dies mit Vergnügen lesen, vor allem weil ich mich damals ausgiebig mit ihm über die Unterschiede zwischen Pferden und Rindern gestritten und behauptet habe, es sei von Natur aus falsch, Pferde zu essen, aber in Ordnung, Rinder zu verspeisen, weil diese weniger intelligent seien. Wenn ich heute darüber nachdenke, war er wahrscheinlich Vegetarier. Ich hätte damals ebenso gut von einem anderen Planeten sein können, aber es ist mir dennoch gelungen, in diesem Fach eine Eins zu bekommen.

Trotzdem wollte ich eine so große Veränderung in meinem Leben nicht bloß deshalb vornehmen, weil ich Gut gegen Böse aufwog. Ich musste mehr wissen. Ich recherchierte und sah mir Filme wie *Earthlings* und *Gabel statt Skalpell* an. Ich brauchte wissenschaftliche Fakten, warum eine Ernährungsumstellung für mich gut sein sollte. Ich wollte das große Ganze sehen. Ich hatte sehr lange – und sehr gerne – Fleisch gegessen, deshalb wollte ich auf keinen Fall plötzlich damit aufhören, bloß weil jemand sagte, es sei falsch.

Es war nicht schwer, mich zu überzeugen. Die Beweise, die ich brauchte, waren überall leicht zu finden; hinter den neugewonnenen Informationen versteckten sich keine Unternehmensinteressen, und die Folgen eines weiteren Konsums tierischer Produkte erschreckten mich sogar. Ich kam mir sehr unwissend und bisher falsch informiert vor, und ich kann nicht glauben, dass die Leute bloß wegen des Geschmacks immer noch Fleisch und Milchprodukte äßen, wenn sie wüssten, wie viel Leid durch die einfache Entscheidung ausgelöst wird, sich weiterhin an Fleisch gütlich zu tun. Ich kann nicht genug betonen, wie wichtig es ist, dass wir den Mut aufbringen, uns über die tatsächlichen Folgen unserer Entscheidungen zu informieren, damit wir erkennen, was uns nicht mehr dient.

Bei meiner Ernährungsumstellung wollte ich möglichst schlau vorgehen. Zuerst ließ ich rotes Fleisch weg, und dies fiel mir wirk-

lich am schwersten. Speck mochte ich am allerliebsten, daher tat ich etwas, was sicher nicht jeder tun würde, auch wenn es ihm ernst ist mit dem Aufgeben – ich adoptierte zwei Schweine, die ich liebhaben und um die ich mich kümmern konnte und die ich als Freunde und nicht als Nahrungsquelle halten wollte.

Hercules und Francis kamen aus einer Tierrettung in Missouri, und ich mochte sie auf Anhieb. Ich wage zu behaupten, wenn ich vor den Pferden Schweine auf eine solche Art und Weise kennengelernt hätte, dann hätte ich heute vielleicht nicht diese Geschichte zu erzählen. Ich himmelte die Schweine an und war genauso gerne mit ihnen zusammen wie mit den Pferden. Als ich mein neues Verständnis von Pferden bei ihnen anwandte, funktionierte es ganz genauso und verschaffte mir die Erkenntnis, dass es nicht auf die Tierart ankommt – wenn man einander mit Verständnis und bedingungsloser Liebe begegnet, ist das Potenzial für Verbundenheit und Beziehung praktisch grenzenlos. Auch das Intelligenzniveau von Schweinen ist – wie ich es bei den Pferden erlebt hatte – einfach erstaunlich.

Etwa einen Monat hatte ich mit den Schweinchen gespielt und sie sehr liebgewonnen, als ich eines Morgens das Haus betrat und feststellte, dass meine Auszubildende Speck briet. Kaum dass mir der Geruch in die Nase stieg, überkam mich eine Welle der Übelkeit. Ich war völlig platt. Den Geschmack von Speck hatte ich immer *geliebt*, doch durch mein verändertes Denken hatte sich dies vollkommen verändert, bis hin zu meinen Sinnen. Ich war offenbar ein für allemal kuriert – zumindest von Schweinefleisch.

Ich eignete mir weiterhin Wissen an und strich nach und nach Fleisch endgültig aus meinem Speiseplan. Meine Gesundheit verbesserte sich in vieler Hinsicht drastisch. Zugegeben, ich brauchte sehr lange, bis ich es ganz aufgeben konnte. Insbesondere

Cheeseburger waren für mich immer ein Trostessen gewesen. In Zeiten von großem Stress und starker Anspannung aß ich gelegentlich noch immer einen und bereute es danach schwer, weil mein Körper inzwischen Fleisch absolut nicht mehr gewohnt war. Glücklicherweise fand ich damals viele vegane Alternativen. Der Verzicht auf Milchprodukte fiel mir wesentlich schwerer, und zuweilen ist das Weglassen auch heute noch ein Kampf, vor allem wenn wir Essen gehen. Sehr viel leichter wurde es, als mir Dr. T. Colin Campbells *China Study: Pflanzenbasierte Ernährung und ihre wissenschaftliche Begründung* in die Hände fiel. Sein geniales Werk über die Beziehung zwischen dem Konsum tierischer Nahrungsmittel und Krebs sowie vielen anderen lebensbedrohlichen Problemen haute mich um. Von da an war Casein nicht mehr mein Freund, und wie den Speck sah ich auch diesen Stoff allmählich deutlich anders, nachdem ich die Unterstützung durch gute Informationen bekommen hatte, um meinen alten Gewohnheiten und Süchten gegenzusteuern.

Der beste und überzeugendste Film auf diesem Gebiet war für mich dennoch das durch Crowdfunding entstandene *Cowspiracy: Das Geheimnis der Nachhaltigkeit*. Die Erkenntnis, welche Folgen meine Ernährungsentscheidungen für die Gesundheit der Erde hatten, war für mich ein echter Weckruf, und ich kann nur jeden ermutigen, wenn er auch sonst nichts tun will, sich unbedingt diesen Film im Internet anzusehen. Möglicherweise bin ich da voreingenommen, denn er bringt auch den Aspekt der Wildpferde ein.

Ich verstehe immer noch nicht, wie Leute so sehr gegen die Umstellung auf pflanzliche Kost sein können. Es gibt haufenweise Beweise, die für eine solche Ernährung sprechen, hinter denen keine Konzerninteressen stehen und die einfach durch und durch wahr sind. Pflanzenkost ist der Schlüssel zur Lösung der meisten Gesundheitsprobleme. Der Verzehr tierischer Produkte ist der zerstörerischste Einzelfaktor und dabei das am leichtesten lösbare Problem im Hinblick auf umweltverträgliche Nachhaltigkeit und Klimawandel.

Vegane Ernährung ist freundlich und mitfühlend gegenüber Tieren, eben jenen Tieren, die wir durch Domestizierung hauptsächlich deshalb erschaffen haben, um sie essen zu können. Vegane Ernährung ist einfach sinnvoll. Wir könnten den Hunger in der Welt sehr schnell beenden, wenn wir auf dem Land, das wir für die Viehzucht zerstören, Pflanzen anbauen würden. Wir könnten die gesundheitliche Versorgungskrise in Amerika und auf der ganzen Welt beenden. Sie mögen kein Genfood? Wahrscheinlich gäbe es das überhaupt nicht, wenn wir nicht eine Möglichkeit gebraucht hätten, die vielen Tiere zu füttern und für deren schnelles Wachstum zu sorgen, um die Bedürfnisse der Fast-Food-Industrie zu befriedigen, die tagtäglich Menschen umbringt, weil sie deren Gift konsumieren.

In der Pferde-Szene tragen viele Menschen, die sich nachdrücklich für Wildpferde einsetzen und wütend darüber sind, dass sie aus ihrer natürlichen Umgebung gerissen werden, in Wirklichkeit zur Verschärfung des Problems bei, weil sie Fleisch essen. Die Pferde werden in erster Linie aus ihrem Stammland entnommen, um Raum für Rinder und Schafe zu schaffen, die als Nahrungsmittel aufgezogen werden. Die Informationen über die größten Probleme, die dadurch gelöst werden könnten, dass die Menschheit auf eine rein pflanzliche Ernährung umstellt, sind so zahlreich, dass man allein damit mindestens hundert Bücher füllen könnte. Wenn Sie mir das nicht glauben, dann haben Sie den Mut und forschen Sie nach.

Die größte Angst dreht sich offenbar immer ums Geld oder den Verlust von Arbeitsplätzen. Ich wünschte, die Menschen würden erkennen, dass für alles, was wegfällt, etwas Neues entsteht. Nur weil dieses dann vielleicht anders aussieht als das Gewohnte, heißt das nicht, dass es keine Lösung darstellt. Wenn wir nicht aus lauter Gier und dem Wunsch nach Bequemlichkeit kostbare Zeit und Ressourcen auf die Zerstörung unserer selbst und der Erde verwenden würden, könnten wir unsere Zeit und unser Talent wohl allemal klüger für die Entwicklung von Lösungen einsetzen. Man hat mich gefragt: »Wenn wir Pferde nicht reiten würden, wie hätten wir dann das Transportproblem gelöst, damals, als das Pferd unser einziges Transportmittel war, und wie hätten wir die Felder bearbeitet?« Meine Antwort lautet, dass es nicht darauf ankommt, was wir *damals* getan haben – wir müssen uns anschauen, was hier und heute geschieht. Aber offen gesagt, wenn wir Pferde nicht ganz so lange derart eingesetzt hätten, vielleicht hätten wir dann unsere Talente darauf verwenden können, die Technik ein wenig schneller zu entwickeln. Wenn wir uns die Zeit nehmen zu hinterfragen, was wir tun und wie wir es tun, können sich die Dinge erstaunlich schnell ändern. Unsere kreativen Fähigkeiten sind grenzenlos. Wir müssen einfach nur daran glauben, dass möglich ist, was wir schaffen wollen, und dann die notwendigen Schritte einleiten.

Andere Bedenken gegen den Verzicht auf tierische Produkte, die ich oft zu hören bekomme, stammen von Menschen, die behaupten, sie hätten gesundheitliche Probleme, wenn sie versuchen, auf pflanzliche Ernährung umzustellen. Dazu kann ich nur sagen, wie bei allem anderen muss man sich auch hier voll und ganz auf die Veränderung einlassen, damit sie funktionieren und dauerhaft sein kann. Wenn Sie noch Fleisch essen wollen, sind Sie nicht bereit, darauf zu verzichten. So einfach ist das. Mir sind mehrere Menschen, insbesondere Frauen begegnet, die behaupteten, sie hätten versucht, auf Fleisch zu verzichten, wären dann aber zu schwach für ihre körperlich fordernde Arbeit geworden. Ich habe bei vegetarischer Ernährung durchschnittlich fünfzehn Pferden pro Tag die Hufe bearbeitet und mich nie stärker gefühlt. Der Mensch ist nicht dafür geschaffen, dass es ihm bei fleischlastiger Kost am besten geht, und im Gegensatz zur verbreiteten Meinung ist es extrem leicht, durch Pflanzen genügend Eiweiß aufzunehmen. Viele gesundheitliche Probleme beim Versuch einer Ernährungsumstellung rühren in erster Linie vom Konsum tierischer Produkte her und erfordern Zeit zur Heilung. Was wir über Ernährung wissen, wird zum großen Teil von einer Industrie finanziert, die möchte, dass wir Fleisch- und Milchprodukte essen. Wie stehen also Ihrer Meinung nach die Chancen, dass unser Wissen auf Tatsachen beruht?

Wenn die Pflanzen, die Sie essen, Ihnen nicht guttun, dann müssen Sie wahrscheinlich mehr lernen und etwas anders machen. Eines kann ich Ihnen jedoch versprechen – wenn Sie versuchen, aufgrund von Schuldgefühlen oder aus dem Wunsch heraus, »das Richtige zu tun«, auf pflanzliche Kost umzustellen, dann sind Sie zum Scheitern verurteilt. Wenn Sie sich wirklich umstellen wollen, werden Sie Mittel und Wege finden, und es wird Ihnen dienen. Sie können sich Zeit lassen. Es ist wichtiger, dass Sie in jedem Augenblick das tun, was für Sie gerade richtig ist, als dass Sie sich zu einer massiven Veränderung verpflichtet fühlen und sich dann innerlich geißeln, wenn Sie es nicht perfekt machen. Wollnn Sie Fleisch essen, dann tun Sie es, aber fragen Sie sich bitte warum und seien Sie bereit, die Berechtigung Ihrer Antworten zu hinterfragen. Noch einmal, dies ist keine Frage von Richtig oder Falsch; es ist eine Frage der Nachhaltigkeit und des Ausweichens vor der Wahrheit hinter dem, wie unsere heutigen Systeme funktionieren und warum sie uns im Stich lassen.

Wie bereits erwähnt, wenn Sie Probleme unter dem Gesichtspunkt »richtig oder falsch« betrachten, geraten Sie in gewaltige Schwierigkeiten, sobald Sie wirkungsvolle langfristige Lösungen entwickeln wollen. Konzentrieren Sie sich aber darauf, Ihren Seinszustand zu liebender Güte hin anzuheben, und treffen Sie Ihre Entscheidungen aus dieser Haltung heraus, dann können Sie gar nicht anders als Veränderung zu bewirken. Wenn Sie wahrhaft heil werden und sich wandeln, hat dies Auswirkungen auf alle in Ihrer Umgebung, und zwar jeweils auf der Ebene, auf der Ihr Umfeld bereit ist, sich davon beeinflussen zu lassen. Wenn Sie mit dem Finger auf andere zeigen und Schuldzuweisungen verteilen, stoßen Sie die Leute ab. Ich habe in meinem relativ kurzen Leben sehr viele Leute abgestoßen.

NEUNZEHN

Pferdegestützte Seelenhilfe

»Ja, ich bin ein Träumer und hin und wieder überschätze ich mich, aber wissen Sie was? Bis ins Innerste meiner Seele glaube ich aufrichtig, dass die kraftvolle Verbindung zwischen Pferd und Mensch ein Weg zur Achtsamkeit ist.«
Wyatt Webb

» Ich wusste, wie weit wir gekommen waren, als ich nicht mehr das Bedürfnis verspürte, bei dir Worte und Gesten einzusetzen. Wir hatten eine ganz eigene Sprache entwickelt, die nichts mit Pferden oder Menschen zu tun hatte. Wir waren lediglich zwei unterschiedliche physische Ausdrucksformen desselben Größeren; ich konnte dich spüren und du konntest mich spüren. Wir waren dasselbe. Und wir waren verschieden. Dies machte es wunderbar, ganz einzigartig, spannend und interessant.

Einmal habe ich den Fehler gemacht, einen Anruf anzunehmen, als ich hereinkam, um mit dir zu spielen. Ich marschierte in deinem Raum herum und ignorierte dich meistens, während ich am Telefon plauderte. Da kamst du plötzlich von hinten und zogst mir die Kapuze meines Sweatshirts über den Kopf. Ich musste wahnsinnig lachen, denn mit deinem Humor und deiner Persönlichkeit gelingt es dir immer wieder, mich in Erstaunen zu versetzen. Der Mensch am anderen Ende der Leitung dachte wahrscheinlich, ich sei verrückt geworden. Mir war das egal.

Du musst dir meine Reaktion damals offenbar gemerkt haben; denn in deiner Nähe kann ich immer noch kein Kapuzenshirt und keine Kapuzenjacke tragen, ohne dass du versuchst, sie mir über den Kopf zu ziehen. Ich habe dich natürlich nie lachen gehört, aber ich könnte schwören, dass ich weiß, wie sich dein Lachen anfühlt. Du bist ein witziger Kerl, Shai, und ich weiß nicht, wie ich dir dafür danken soll, dass du so viel in meinem Leben verändert hast. Das Mindeste, was ich tun kann, ist, dir für den Rest deiner Tage ein sicheres und wohlbehütetes Leben zu bereiten.«

*V*or Jahren, als ich in meinem kleinen Büro saß und herauszufinden versuchte, wie ich beruflich am besten in der Welt der Pferde wieder Fuß fassen könnte, erhielt ich eine eMail mit Informationen über eine zertifizierte Ausbildung für Therapeuten, die mit Pferden arbeiten, und für deren Pferdespezialisten. Ich wusste sofort, dass ich genau dies tun wollte – fähigen und effektiven Therapeuten mit meinem Wissen über und Verständnis der Pferde zu helfen. Die Ausbildung konnte ich mir nicht leisten, daher druckte ich die Karte, die ich mit der eMail erhalten hatte, aus und klebte sie in meine Traumcollage, in der Hoffnung, dies würde mich einer Zukunft näherbringen, in der ich Menschen durch Pferde helfe. Stattdessen machte ich eine Ausbildung zur Hufbearbeiterin, was schließlich dazu führte, dass ich Kunden hatte, die auf diesem neu aufkommenden Gebiet der pferdegestützten Psychotherapie arbeiteten.

Viele Male habe ich versucht, von jemandem, der auf diesem Gebiet tätig und für mich greifbar war, zu lernen und mit ihm zusammenzuarbeiten. Es boten sich viele Chancen, doch immer geschah etwas, was verhinderte, dass wir tatsächlich zusammenkamen. Zwei Mal kam eine der führenden Vertreterinnen dieser Richtung, die zufällig mit guten Bekannten der Ranch, mit der ich in Texas zusammenarbeitete, befreundet war, aus einem anderen Bundesstaat angereist, um Demonstrationen ihrer Arbeit zu geben. Beide Male war ich irgendwie verhindert und konnte sie daher nicht kennenlernen oder Erfahrungen mit ihr austauschen.

Im weiteren Verlauf meines Weges mit den Pferden stellte ich schließlich vieles in Frage, was ich über das heutige Modell der pferdegestützten Therapie gelernt hatte, besonders was das Wohlbefinden der beteiligten Pferde anbelangt. Da ich bei einer Handvoll Pferde, die bei dieser Arbeit eingesetzt wurden, die Hufe bearbeitet hatte, konnte ich sie unmittelbar mit meinen eigenen Pferden vergleichen, die heilten und so ganz anders wurden, als ich sie bisher gekannt hatte. Dann dämmerte es mir endlich: Das gesamte heutige Modell der pferdegestützten Therapie basiert auf einem Missverständnis der Pferde. Die gesamte Branche hat ihren Umgang mit Pferden auf der traditionell akzeptierten Auffassung vom Pferd aufgebaut und nicht auf dem, worüber ich in diesem Buch gesprochen habe. Das ist ein großes Problem für die Menschen, die diese Art der Therapie zur Heilung einsetzen, und in vielen Fällen ist es außerdem unfair dem Pferd gegenüber.

Ich bin überzeugt, dass Heilung nicht auf Kosten eines anderen Wesens geschehen kann. Durch unsere eigenen Pferde haben wir jedoch entdeckt, dass Heilung durch den Aufenthalt in ihrer Nähe begünstigt und beschleunigt werden kann, solange ihnen in keinster Weise etwas aufgezwungen wird. Ich kann Ihnen allerdings versichern, dass die meisten Pferde, die bei der pferdegestützten Therapie eingesetzt werden, für jeden Vorteil, der durch ihren Einsatz als Therapiepferd errungen wird, teuer bezahlen. Selbst diejenigen, die nicht geritten werden, werden üblicherweise durch Stricke, Halfter, einen kleinen umzäunten Bereich oder mentale Konditionierung kontrolliert, oder sie befinden sich in einem Zustand erlernter Hilflosigkeit. Viele erleiden außerdem körperliche Schmerzen, weil überall auf der Welt das Verständnis dafür fehlt, was Pferde biologisch brauchen, um gesund zu bleiben. Sie sind ein gebrochener Spiegel, der ein Bild wiedergibt, das nicht zu echter Transformation und Wandlung führen kann. Echte Transformation beginnt mit bedingungsloser Liebe, welche wiederum die meisten Pferde nie von den Menschen erhalten, die sie versorgen.

Was, wenn Pferde einen ganzen und geheilten Zustand widerspiegeln könnten? Was, wenn man sich ohne Stricke oder kontrollierende Sicherheitsmaßnahmen gefahrlos in ihrer Nähe aufhalten könnte, weil sie in ihrem geheilten Zustand Frieden und Harmonie sowie Achtsamkeit für ihre Umgebung verströmen? Was, wenn das Wertvollste, was Pferde zu bieten haben, ein geschützter Raum wäre, in dem man einen anderen Daseinszustand einüben kann? Was, wenn wir dadurch, dass wir Pferde heilen und auf bedingungslose Art und Weise lieben, ein Modell für unsere eigene Heilung und die der ganzen Menschheit schaffen könnten? Ich weiß, das klingt hochtrabend, doch die Parallelen zwischen dem, was wir bei unseren Pferden erlebt haben, und dem, was ich zwischen Menschen für möglich halte, sind stark. Die wichtigste ist das Prinzip »das Pferd hat nie unrecht«, das ich vor vielen Jahren von Mark Rashid gelernt habe und das von Alexander Nevzorov noch konsequenter umgesetzt wurde. Stellen Sie sich einmal das Potenzial vor, wenn wir diese Überlegungen auf unsere Mitmenschen anwenden würden! Stellen Sie sich vor, wir holen die Menschen da ab, wo sie sind, mit Verständnis und Mitgefühl für ihre einzigartige, individuelle Sicht der Welt, statt ihnen vorzuhalten, dass sie unrecht haben. Stellen Sie sich vor, wir würden uns alle um Verständnis bemühen, statt Schuldzuweisungen auszusprechen, und wir würden damit arbeiten statt einander zu bekämpfen.

Als eine sichere Methode, diese Art der Achtsamkeit zu üben, sind die Pferde auf unseren Weiden von weitaus größerem Wert für die Menschheit, als wenn sie uns wie Idioten herumtragen. Es ist wesentlich leichter, sich vor einem Pferd ungeschützt zu zeigen als vor einem Mitmenschen, der höchstwahrscheinlich sehr viel eigenen Schmerz mit sich herumträgt. Dies funktioniert jedoch am besten mit einem geheilten Pferd, das in einem Modell bedingungsloser Fürsorge lebt, denn erst die heilsame Präsenz sowie der Frieden und die Ruhe einer solchen Umgebung machen effektives Lernen möglich. Pferde auf diese Art zu lieben und so für sie zu sorgen, wird dann zur Übung, die unsere eigene Heilung fördert, damit wir danach in die Welt hinausgehen und die heilsame Präsenz sein können, die dem Rest der Welt angeboten wird. Wir wildern die Pferde nicht wieder aus, wir sorgen für sie und beschäftigen uns mit ihnen auf eine Art und Weise, die beiderseits wohltuend wirkt; und während wir

Menschen heilen, lassen wir allmählich das Bedürfnis los, Pferde überhaupt zu besitzen. Bin ich eine Träumerin? Sicher. Und falls Sie es noch nicht bemerkt haben, ich bin wild entschlossen, meine Träume zu verwirklichen.

Nach meinem Umzug nach Kalifornien wurde ich gebeten, in einer reittherapeutischen Einrichtung vor einer Gruppe von Therapeutinnen einen Vortrag zu halten. Den ganzen Nachmittag über berichtete ich einer sehr engagierten Gruppe intelligenter Frauen von meinen Ideen und Erfahrungen. Was ich zu sagen hatte, gefiel ihnen sehr, und sie wollten die Art, wie die Pferde in dem Zentrum versorgt wurden und wie mit ihnen umgegangen wurde, verändern. Ich war begeistert. Das war alles, was ich mir durch die Arbeit, die ich bisher geleistet hatte, immer erhofft hatte. Doch schon bald stießen wir auf Schwierigkeiten. Damit die Pferde heilen konnten, mussten so viele Veränderungen vorgenommen werden, dass es die Verantwortlichen überforderte. Dass ich die Bedürfnisse der Pferde über ihren therapeutischen Nutzen und, wichtiger noch, über die Einnahmen stellte, die sie erwirtschaften sollten, war für die Entscheidungsträger zu bedrohlich. Nachdem mir die Geschäftsleitung zugesichert hatte, man wolle einen Vertrag mit mir schließen, damit ich Veränderungen einführen konnte, ging ich zurück nach Kalifornien und hörte nie wieder etwas von ihnen. Ich wurde nicht zurückgerufen, und der Verantwortliche, der die Entscheidungen zu treffen hatte, ignorierte mich praktisch; allerdings kam mir hier und da durch andere Beteiligte etwas zu Ohren. Es war einfach zu viel Information, und wer es nicht selbst erlebt hatte, konnte sie nicht verdauen. An diesem Punkt erkannte ich, dass ich anderen den Wert dessen, was ich gelernt hatte, nur dann veranschaulichen konnte, wenn ich es selber machte – mit den Pferden, deren Leben ich bereits verändert hatte.

Ich konzentrierte mich wieder auf die Arbeit an mir selbst, denn damals ist mir eines klargeworden: Auch wenn ich mit großer Überzeugungskraft spreche, wenn ich nicht vorlebe, was ich sage, kann mich niemand verstehen, und alles war umsonst. Ich stecke immer noch in diesem Prozess und bin noch weit davon entfernt, jemand anderem direkt helfen zu können, aber inzwischen habe ich eine ziemlich klare Vorstellung, was zu tun ist.

Das Modell der pferdegestützten Therapie zu verändern, ist nur eines meiner Ziele, was die Psychotherapie anbelangt. Am allermeisten möchte ich ein Licht auf den Schaden werfen, der bei uns angerichtet wird, wenn wir Pferde so benutzen, wie es traditionell in der Ausbildung, beim Reiten sowie in Wettkampf und Sport akzeptiert ist. Sorge bereitet mir dies insbesondere, wenn Kinder betroffen sind und ihnen beigebracht wird, Pferde auf diese Art und Weise zu kontrollieren. Meiner Erfahrung nach und wie ich sowohl bei mir selbst als auch bei anderen, die mit Pferden intensiv auf diese Weise umgehen, beobachtet habe, ist die häufigste Folge, dass eine Trennung eintritt, welche die Fähigkeit, Verbindung zu anderen aufzunehmen und ihre Energie wirklich zu spüren, ausschaltet. Um auf herkömmliche Art mit Pferden arbeiten und sie reiten zu können, müssen wir die Kontrolle über sie gewinnen, und dabei fügen wir ihnen oft Schmerzen zu. Damit wir dies tun und auch noch Freude daran haben können, spalten wir jegliches Mitgefühl für das Erleben der Pferde und jegliche Empathie ab, was sich auch auf unsere anderen Beziehungen und nicht nur die zu Pferden auswirken kann. Zumindest war dies bei mir so.

Als ich anfing, Pferde anders zu behandeln und mich wieder dem energetischen Austausch zu öffnen, um Verbindung mit ihnen aufnehmen zu können, konnte ich nicht mehr bei einem Pferd sein, das große Schmerzen hatte, ohne diese selbst zu spüren. Ich musste lernen, dies notfalls auszuschalten. Das war nötig, damit ich meine Arbeit in der Hufpflege weiterbetreiben konnte, denn viele Pferde, deren Hufe ich bearbeitete, litten unter Schmerzen. Eine Pferdeschau oder einen Wettkampf zu besuchen, kam nicht mehr in Frage. Mit anzusehen, wie ein Pferd als Sportgerät geritten wird, besonders wenn Metall und eine hohe Anzahl von Kontrollinstrumenten verwendet werden, ist für mich, als sähe ich zu, wie jemand sein Kind misshandelt. Nicht anders fühlt es sich für mich an. Ich verurteile den Misshandler nicht, weil ich vollkommen verstehe, wie er dazu kommt, aber ich kann nicht ohne weiteres oder gar mit Vergnügen zuschauen. Der Schmerz des Pferdes macht sich bei mir im vollen Ausmaß bemerkbar, und in diesen Momenten kann ich nichts dagegen tun. Wir zelebrieren unsere Misshandlung von Pferden, vor allem im Showring.

Ich finde kaum Worte dafür zu beschreiben, wie sehr es mir geholfen hat, als ich mich Pferden durch bewusste Präsenz geöffnet habe. Es hat mir geholfen, auch auf anderen Gebieten offener zu werden. Ich spüre Energien und die Gefühle von anderen Menschen, die ich zuvor nie auf dem Schirm hatte. Diese Öffnung hat mir ganz außerordentlich dabei geholfen, in Bezug auf die Menschen, die mir am Herzen liegen, gute Entscheidungen zu treffen. Sie hat mir auch ein Gespür für die Bedürfnisse anderer vermittelt, selbst wenn es ihnen an der Fähigkeit mangelt, diese Bedürfnisse effektiv zu kommunizieren. Manchmal ist es überwältigend, und ich weiß, ich werde Zeit brauchen, um mich daran zu gewöhnen und es sinnvoll einsetzen zu können. Andererseits, was für ein Geschenk!

Das Schöne daran ist, dass jeder Mensch in der Lage ist, in diesem Ausmaß und noch stärker zu empfinden und mit anderen Verbindung aufzunehmen. Die Fähigkeit, bei anderen zu sein und sie zu spüren, kann selbst die schwierigsten Beziehungen verwandeln, und ich habe erlebt, wie es meine Reaktion auf leidende Menschen verändert hat, die ihren Schmerz gewaltsam ausagieren. Noch vor einem Jahr hätte ich wahrscheinlich zurückgeschlagen, während ich jetzt meistens einfach einstecken und ihnen Raum geben kann. Es hat enorme Auswirkungen auf meine Beziehungen zu Menschen, mit denen ich normalerweise gar nicht zurechtkäme, und ich bin nicht annähernd mehr so reizbar, wie ich es einmal war.

Im Moment ist meine große Freude im Leben die Arbeit mit gefährdeten jungen Mädchen auf einem Gnadenhof, auf dem ich ehrenamtlich tätig bin. Sie inspirieren mich bei jedem Besuch, und sie motivieren mich, einen Ort zu schaffen, an denen Programme wie ihres stattfinden und wo sie durch den Umgang mit geheilten Pferden lernen können, wie wertvoll bedingungslose Liebe, Grenzensetzen und Respekt sind. Viele kommen aus ähnlichen Verhältnissen wie ich, und es ist etwas Wunderbares, dass ich hören und verstehen kann, was sie durchmachen. Heute bin ich dankbar für alle Kämpfe, die ich durchzustehen hatte, weil ich endlich erkennen kann, wie wertvoll sie dafür waren, dass ich so weit kommen konnte. Irgendwann hat aller Schmerz einen Sinn. Es war und ist noch ein langer Weg bis dorthin, wo ich letztlich anzukommen hoffe, doch es ist gar keine Frage, um wie viel schneller ich mein Ziel erreiche, wenn ich beschließe, auf eigenen Füßen zu gehen.

ZWANZIG

Sanctuary13

*»Nur die Liebe macht dich frei, die du beschlie-
ßest selbst zu sein.«*

Elijah Ray

>> Eines Abends, ich war fast zwei Autostunden weit weg von zu Hause, erhielt ich einen Anruf, dass sechs von euch durch eine Schwachstelle im Zaun entkommen und nicht mehr auffindbar waren. Ich beeilte mich nach Hause zu kommen und schaffte es auch unmittelbar vor Sonnenuntergang, doch noch bevor ich euren Spuren besonders weit folgen konnte, wurde es dunkel. Alle eure Spuren waren kalt, und inzwischen konntet ihr praktisch überall sein. Im Dunkeln wanderte ich durch die freie Natur in der Umgebung unseres Hauses und hoffte verzweifelt darauf, euch zu finden.

Nachdem ich fast die ganze Nacht aufgeblieben war, fest entschlossen zu warten, bis die Sonne mich bei meiner Suche unterstützen konnte, machte ich mich in der ersten Morgendämmerung auf, um euch zu finden. Ich ging durch raues Gelände, folgte jedem Hufabdruck und euren verstreuten Pferdeäpfeln. Ihr wart ganz schön schnell unterwegs, und ich hatte keine Ahnung, wohin ihr gegangen sein könntet. Als die Spuren auf die Landstraße führten, wurde mir angst und bang. Alles Mögliche schoss mir durch den Kopf, aber ich ging weiter, folgte euch auf Schritt und Tritt. Knapp fünf Kilometer weiter schloss ich schließlich zu euch auf: Alle sechs standet ihr auf einer Weide, die an den alten Rinderpfad grenzte, der uns schließlich nach Hause führte. Ich hatte nur einen einzigen Strick dabei. Der Zeitpunkt war gekommen, unsere neue Beziehung auf die Probe zu stellen.

Ich legte den Strick um Harmonys Hals und öffnete das Tor. Hintereinander gingt ihr alle sechs mit mir die ganzen fünf Kilometer zurück. Ihr hättet in jeder beliebigen Richtung davonlaufen können, aber das habt ihr nicht getan. Ihr bliebt bei mir, bis wir in die Nähe des vorderen Eingangstors kamen; dann lieft ihr los, gingt hinein und schlosst euch wieder euren übrigen Freunden an. Ein einziger Strick. Mehr brauchte es nicht, um sechs Pferde durch fast fünf Kilometer freie Natur nach Hause zu führen. Mehr brauchte es nicht, weil ich euer Vertrauen verdient hatte und weil ihr wusstet, dass ihr frei seid.«

*I*m Juli 2013 verließen wir Texas und zogen mit unseren dreizehn Pferden nach Nordkalifornien in Gewann 13 unserer neuen Gemarkung und dort auf Flurstück 13. Wir wussten noch nicht, wie wir unser neues Zuhause nennen sollten, und als ich endlich zu einem Entschluss kommen wollte, gingen wir eines Tages zu einer Heilquelle am Ort. Sie befand sich in Raum 13. Endlich hatte ich es begriffen, und *Sanctuary13* war geboren.

Im Tarot heißt die dreizehnte Karte »Der Tod«, womit der Tod alten Denkens und Handelns, Transformation, Klärung und Veränderung gemeint sind. Als wir später unser altes Zuhause in Texas verkauften und damit dieses große Kapitel in unserem bisherigen Leben offiziell abschlossen, erfuhren wir, dass es ebenfalls auf Flurstück 13 seiner Gemarkung gelegen hatte. Und als ob wir noch deutlichere Hinweise gebraucht hätten, war das Fahrzeug, mit dem wir Texas verließen, unser Toyota 4Runner, Baujahr 2013. Allem Anschein nach war dies in unserem Leben eine wichtige Zahl.

Zu dem Zeitpunkt, an dem ich dies schreibe, ist *Sanctuary13* keine irgendwie geartete offizielle Organisation. Bis jetzt ist es lediglich unser Zuhause, ein persönlicher Zufluchtsort für uns, die Pferde und andere Tiere, die hier leben, sowie ein Ort, an dem man sich auf Heilung, inneres Wachstum und Transformation konzentrieren kann. Unser Traum ist es, eines Tages unsere Türen für andere zu öffnen, die mit demselben Ziel hierherkommen und auf bedingungslose Art und Weise mit unseren Pferden zusammen sein möchten. Wir würden gerne eine Stiftung gründen, um die Pferde zu unterhalten und ihr Leben lang zu beschützen. Die wenigen, die bereits hier waren, haben uns alle bestätigt, dass man aus dem Zusammensein mit diesen Tieren viel gewinnen kann und dass sie tatsächlich anders sind. Diese Erfahrung möchten wir gerne an andere weitergeben. Für uns würde ein Traum wahr, wenn wir anderen, insbesondere Menschen, die sich professionell mit Pferden und Therapie befassen, beibringen könnten, was wir gelernt haben und wie sich Veränderung umsetzen lässt. Es ist unsere Hoffnung, dass sich, sowie wir vorankommen und uns von den vielen Veränderungen und wirtschaftlichen Neuanfängen in kurzer Zeit erholt haben, die förderlichen Umstände und die Unterstützung für unsere Vision einstellen, damit wir genau dies tun können.

Im Moment verbringe ich meine Tage mit der Versorgung meiner Tiere und damit zu lernen, ein völlig anderes Leben zu führen als das, welches ich hinter mir gelassen habe. Mein Morgen beginnt normalerweise so, dass ich mit den Hunden Gassi gehe, denn alle fünf glauben natürlich, dass sie bei mir in dem sechs Meter langen Wohnwagen schlafen müssen, der im Moment mein Zuhause ist. Während sie sich um ihr Geschäft kümmern, gehe ich zu dem alten PanAm-Wohnwagen hinüber, der bereits auf dem Grundstück stand, als wir es kauften. Darin gibt es eine Toilette, die mit der Klärgrube verbunden ist, aber zum Spülen muss ich einen Eimer Wasser mitnehmen, weil sie noch keine funktionierende Toilettenspülung hat. Danach gehe ich weiter mit den Hunden Gassi, füttere sie anschließend und begebe mich dann zum Schweinegehege. Schon bei dem Gedanken an die Schweine muss ich lächeln. Diese albernen Jungs begrüßen mich jedes Mal mit einer erstaunlichen Vielfalt an Lauten. Durch Tonlage und Energie ihres Quiekens und Grunzens bringen sie ihre Gefühle seelenvoll zum Ausdruck. Zuerst wird ihr Gehege gereinigt, denn so kann ich dafür sorgen, dass jedes ein wenig Aufmerksamkeit bekommt; danach gebe ich ihnen Futter und frisches Wasser. Anschließend gönne ich mir normalerweise eine kleine Pause, um bei einer warmen Tasse Zitronenwasser mit einem Schuss Apfelessig ein wenig zu lesen.

An den meisten Tagen zwinge ich mich dazu, mindestens zwanzig Minuten ganz bewusst mit meinen Pferden zu verbringen. Dies ist meine persönliche Meditationszeit am Tag. Manchmal schwänze ich sie aus irgendwelchen Gründen, aber an den Tagen, an denen ich sie einhalte, geht es mir immer sehr viel besser. Es ist hier draußen noch lange nicht so, wie ich es gerne hätte, doch es hat eben seine ganz eigenen Konsequenzen, wenn man seine Einkommensquelle aufgibt, um ein Buch zu schreiben und sein Leben zu verändern. Alles hier ist eine Baustelle, weil wir uns ein neues Leben aufbauen und uns nach dem Zusammenbruch unserer Realität wieder berappeln. Die Tiere nahmen es supergeduldig hin, dass sie vieles von dem aufgeben mussten, was sie in Texas gewohnt waren; aber wir werden es wieder so weit bringen und es wird sogar noch besser werden.

Die Pferde bekommen Tag für Tag mindestens zweihundert Kilo Heu von Hand gereicht. Irgendwie schaffen wir es immer, dass wir genug haben, obwohl wir finanziell knapper dran sind denn je. Irgendetwas passiert immer, damit dafür gesorgt ist, dass alle genug zu essen haben. Sobald alle gefüttert sind, schaue ich mir gründlich an, was noch zu tun ist, und packe dann das an, wozu ich mich jeweils in der Lage fühle. Manchmal muss ich raus und mich auf Abenteuer in der Natur begeben. Ein anderes Mal suche ich nach einer Ausflucht. Wieder ein anderes Mal bleibe ich zu Hause und mache die schwierige Arbeit an mir selbst, für die ich eigentlich hierhergekommen bin, doch in letzter Zeit schreibe ich meistens. Jeden Tag bin ich enorm dankbar für diesen friedlichen Ort, den wir unser Zuhause nennen dürfen. Mit seinem unglaublichen Bergblick und seiner ruhigen Einsamkeit ist er ein kleines Wüstenparadies, und er fühlt sich für diese Arbeit wie geschaffen an.

Hin und wieder kommen Besucher, die neugierig sind auf die Pferde und auf das, was wir hier tun. Eines Tages brachte ein Mann seinen Sohn hierher, einen schwer belasteten jungen Mann, der gerade von einem zwangsweise angeordneten Drogenentzug kam. Coco Bueno war der Erste, der ihn begrüßte. Mit ehrfürchtigem Staunen beobachtete ich, wie dieser schöne Junge mit einem meiner Lieblingspferde umging, so sanft und so achtsam, wie ich es erst nach über fünfzehn Jahren gelernt hatte. Und er tat es mit einer völlig natürlichen Selbstverständlichkeit. Die Pferde verurteilten ihn nicht für seine angeblichen Fehler. Sie erkannten ihn einfach als den, der er wirklich war. In diesem Moment fühlte er sich geliebt und verstanden, und ich konnte dabei zusehen, wie er aufblühte und der Mensch wurde, der er sein wollte. Ich erkannte das Potenzial dessen, was möglich war, wenn dieser Umgang angeleitet und strukturiert würde, damit ihn die Menschen in ihren normalen Alltag mitnehmen konnten. Die Pferde werden hier nicht als Heiler betrachtet, sondern lediglich als geheilte Wesen, die einem anderen Raum geben, damit er diese Heilung in sich selbst finden kann, wo sie seit jeher vorhanden ist. Unsere Pferde heilen niemanden. Sie leben einfach vor, wie es aussieht, wenn man geheilt ist, was wiederum unsere Heilung in ihrer ruhigen, liebevollen Gegenwart beschleunigt.

Dieser Mann und sein Sohn kamen noch einmal wieder, um bei den Pferden zu sein. Wir kochten ihnen ein köstliches veganes Essen, und sie halfen uns, einen Bereich aufzuräumen, in dem acht Hände wesentlich mehr ausrichten konnten als vier. Wieder sahen wir, wie vor unseren Augen Heilung geschah, nicht nur bei dem Jungen, der aufblühte und so viel Selbstsicherheit entwickelte, dass er mir von seinen Hoffnungen, Träumen und Zielen erzählte, sondern auch zwischen Vater und Sohn, die zusammenarbeiteten, um uns bei der Versorgung der Pferde zu helfen, ohne eine Gegenleistung zu erwarten. Einfach einen Ort zu haben, wo sie hinkommen konnten, ohne irgendwie beurteilt zu werden, wo sie immer willkommen und akzeptiert waren, egal, wo sie im Leben gerade standen, schenkte ihnen Kraft und Inspiration. Alleine schon das Zusammensein mit glücklichen und friedlichen Tieren war für sie über alle Maßen tröstlich. Wir sahen, wie unser

Traum sich allmählich mit Leben erfüllte, selbst wenn es nur in vereinzelten Erlebnissen wie diesem war.

Im Laufe des vergangenen Jahres hatten wir noch ein paar mehr Besucher, und jeder ging nach dem Austausch mit den Pferden für immer verändert wieder fort. Mit anzusehen, wie andere meine Wahrheit erkennen, macht mich demütiger, als ich mir je hätte vorstellen können. Es war kein einfacher Weg, und es liegt noch eine weite Strecke vor uns. Wenn ich sehe, welche Wirkung die Pferde auf Menschen haben und wie bereitwillig sie ihren Raum mit neuen Leuten teilen, dann weiß ich, dass es sich gelohnt hat.

Eine unserer letzten Besucherinnen, eine junge Frau aus Quebec, sagte uns Folgendes zum Abschied: »Ich habe eine andere Welt neben der Sprache entdeckt ... eine Welt aus Energie, Gesten und Gefühlen. Es ist eine liebevollere und fürsorglichere Welt. Wo es **keine** Urteile und keine Kompliziertheit gibt. Wo wir eins ... SEIN ... können. Danke dafür!«

Wir wünschen uns, dass jeder, der hierher kommt, genau dies erlebt. Jede kleinste Herausforderung hat uns auf alles vorbereitet, was wir uns je gewünscht haben. Jetzt ist es da, und es ist einfach an der Zeit, zu Werke zu gehen. In dem Maße, in dem wir weiterhin an uns arbeiten und unser Leben in Ordnung bringen, kommen wir der Schaffung eines modellhaften Gnadenhofs für Pferde immer näher, der Schaffung eines Zufluchtsorts, der auf einem umfassenden Verständnis ihrer biologischen Bedürfnisse aufbaut und von bedingungsloser Liebe getragen ist – eines Ortes, an dem Pferde geheilt werden und an den Menschen kommen, um sich in ihrer beruhigenden Gegenwart selbst zu heilen.

Wir haben keine Ahnung, wie unsere Zukunft aussieht. Wir wissen nur, dass es die Liebe ist, auf die wir uns zu bewegen, weil unsere Pferde uns gelehrt haben, was es wirklich heißt zu lieben, und wie bereits jemand gesagt hat – *LOVE IS ALL YOU NEED.*

Ren Hurst ist ehemalige Pferdeausbilderin und Hufbearbeiterin. Nach mehreren grundlegenden Perspektivenwechseln verließ sie Texas und die professionelle Welt der Pferde, um weit im Norden von Kalifornien einen Gnadenhof und Zufluchtsort zu gründen, der auf allem aufbaut, was sie in ihrem Leben von den Pferden gelernt hat. Heute ist sie die Leiterin von *Sanctuary13* und Mitbegründerin der Stiftung *New World Sanctuary* in Südoregon. *Die heilende Kraft der Pferde* ist ihr Bekenntnis.

www.facebook.com/rendermewild

Marlies Pante
NO LIMITS!
Willkommen in der Schöpferkraft
*Botschaften der Arcturianer –
mit 24 Übungen zur Manifestation*
336 Seiten, gebunden, oranges Leseband
€ [D] 22,95 / € [A] 23,60
ISBN 978-3-95447-218-5

Die Grenzen zwischen den inneren und äußeren Welten lösen sich gerade in atemberaubendem Tempo auf. Daher geben uns die Arcturianer jetzt Hilfestellung und Übungen, wie wir unsere Herzenswünsche mit Leichtigkeit zur Erfüllung bringen. Werden wir wieder zu Schöpfern unserer Welt!

»Ihr könnt zu jeder Zeit an jedem Ort alles erschaffen.«
– Die Arcturianer

Courtney A. Walsh
DU BIST PERFEKT!
Eine Liebeserklärung an das Leben
160 Seiten, gebunden, oranges Leseband
€ [D] 12,– / € [A] 12,40 • ISBN 95447-271-0

Lieber Mensch, du hast das alles falsch verstanden: Auf Facebook postete, wurde dieses Bekenntnis zur unerschütterlichen Freude am Leben viele Millionen Mal geteilt. Es wurde in Yoga-Kursen vorgelesen, von einer Kardashian getwittert, von der Autorin von *Eat Pray Love* empfohlen, als Hochzeitsgelübde rezitiert und entwickelte überhaupt ein mächtiges Eigenleben ...

»Inspirierend für alle, die gerade zu einem bewussten Leben erwachen. Ein Klassiker!« – Arielle Ford

Cindy Lora-Renard
Ein Kurs in Gesundheit und Wohlbefinden
Heile dich selbst durch das Wunder der Vergebung
176 Seiten, gebunden, oranges Leseband
€ [D] 19,99 / € [A] 20,60 • ISBN 95447-399-1

Wir können körperlich gesund sein, aber wenn der Geist anderer Meinung ist, werden wir diese Erfahrung nicht machen. Wollen wir lernen, uns bewusst für Gesundheit und Wohlbefinden zu entscheiden, setzt das eine Umorientierung des Geistes voraus. Anschauliche Erklärungen und Übungen helfen uns dabei.

Mit einem Vorwort von Gary R. Renard

»Sie trifft mitten ins Herz des Wunders, das Heilung bedeutet.« – Michael J. Tamura

Alle Bücher auch als eBooks. Leseproben auf www.AmraVerlag.de

Ren Hurst ist ehemalige Pferdeausbilderin und Hufbearbeiterin. Nach mehreren grundlegenden Perspektivenwechseln verließ sie Texas und die professionelle Welt der Pferde, um weit im Norden von Kalifornien einen Gnadenhof und Zufluchtsort zu gründen, der auf allem aufbaut, was sie in ihrem Leben von den Pferden gelernt hat. Heute ist sie die Leiterin von *Sanctuary13* und Mitbegründerin der Stiftung *New World Sanctuary* in Südoregon. *Die heilende Kraft der Pferde* ist ihr Bekenntnis.

www.facebook.com/rendermewild

Marlies Pante
NO LIMITS!
Willkommen in der Schöpferkraft
*Botschaften der Arcturianer –
mit 24 Übungen zur Manifestation*
336 Seiten, gebunden, oranges Leseband
€ [D] 22,95 / € [A] 23,60
ISBN 978-3-95447-218-5

Die Grenzen zwischen den inneren und äußeren Welten lösen sich gerade in atemberaubendem Tempo auf. Daher geben uns die Arcturianer jetzt Hilfestellung und Übungen, wie wir unsere Herzenswünsche mit Leichtigkeit zur Erfüllung bringen. Werden wir wieder zu Schöpfern unserer Welt!

»Ihr könnt zu jeder Zeit an
jedem Ort alles erschaffen.«
– Die Arcturianer

Courtney A. Walsh
DU BIST PERFEKT!
Eine Liebeserklärung an das Leben
160 Seiten, gebunden, oranges Leseband
€ [D] 12,– / € [A] 12,40 • ISBN 95447-271-0

Lieber Mensch, du hast das alles falsch verstanden: Auf Facebook postete, wurde dieses Bekenntnis zur unerschütterlichen Freude am Leben viele Millionen Mal geteilt. Es wurde in Yoga-Kursen vorgelesen, von einer Kardashian getwittert, von der Autorin von *Eat Pray Love* empfohlen, als Hochzeitsgelübde rezitiert und entwickelte überhaupt ein mächtiges Eigenleben ...

»Inspirierend für alle, die gerade zu einem bewussten
Leben erwachen. Ein Klassiker!« *– Arielle Ford*

Cindy Lora-Renard
Ein Kurs in Gesundheit und Wohlbefinden
Heile dich selbst durch das Wunder der Vergebung
176 Seiten, gebunden, oranges Leseband
€ [D] 19,99 / € [A] 20,60 • ISBN 95447-399-1

Wir können körperlich gesund sein, aber wenn der Geist anderer Meinung ist, werden wir diese Erfahrung nicht machen. Wollen wir lernen, uns bewusst für Gesundheit und Wohlbefinden zu entscheiden, setzt das eine Umorientierung des Geistes voraus. Anschauliche Erklärungen und Übungen helfen uns dabei.

Mit einem Vorwort von Gary R. Renard

»Sie trifft mitten ins Herz des Wunders,
das Heilung bedeutet.« *– Michael J. Tamura*

Alle Bücher auch als eBooks. Leseproben auf www.AmraVerlag.de

»Um Glück zu finden,
musst du erst einen Schritt zur Seite machen …«

Dean Koontz
8 Schritte zum Glück
Trixies Ratgeber für ein glückliches Leben
176 Seiten, gebunden, oranges Leseband
€ [D] 18,99 / € [A] 19,60 • ISBN 978-3-95447-327-4

Von der anderen Seite aus plaudert Trixie über das Leben und lehrt uns in eigenen Worten die Weisheit der Hunde: Sei dankbar für das, was der Verlust ein demütiges Herz lehrt. Dankbar für andere in deinem Leben, die dir helfen, mit dem Verlust zu leben. Für das Lachen, das du mit ihnen teilst. Für die Schönheit der Welt und für die Stille im Herzen, die es dir ermöglicht, Schönheit zu erkennen.

»Ich schenke dir einen Keks. Du hast ihn dir verdient.« – *Trixie*

Dean Koontz
TRIXIE – Engel in Hundegestalt
Wie ein Golden Retriever mein Leben veränderte
272 Seiten, gebunden, oranges Leseband
€ [D] 24,99 / € [A] 25,70 • ISBN 95447-325-0

Mit 500 Millionen Gesamtauflage seiner Bücher ist Dean Koontz einer der erfolgreichsten Autoren der Welt. In seinem neuen Buch TRIXIE, das zum *New York Times Bestseller* wurde, schildert er meisterhaft, wie sein Leben sich durch einen Golden Retriever verändert hat. Mehr Intuition, Wunder und spirituelles Erwachen hielten Einzug, seit dieser Engel seine Weisheit mit ihm teilte.

»Ich weiß, was du bist. Du bist ein Engel.«
– *Dean Koontz*

Manfred Mohr
VERGEBEN VERSÖHNEN VERZEIHEN
Frieden beginnt in uns selbst
176 Seiten, Paperback im Hardcover-Format
€ 14,99 [D] / € 15,50 [A] • ISBN 978-3-95447-379-3

Der große Experte der hawaiianischen Vergebungslehre, die als Ho'oponopono bekannt ist, macht uns mit einer modernen Praxis der Vergebung in unserem neuen Zeitalter vertraut. Vergebung ist für uns heute der Meisterweg zum persönlichen Glück. Neben einer Vielzahl von Anleitungen bietet das Buch Hilfen beim Üben und nennt die zehn Prinzipien der Liebe.

Mit einem Vorwort von Jeanne Ruland

Der Autor führt das geistige Erbe seiner Frau weiter, der verstorbenen Bestsellerautorin Bärbel Mohr.

Alle Bücher auch als eBooks. Leseproben auf www.AmraVerlag.de

Drunvalo Melchizedek & Daniel Mitel
Lebe im Licht deines Herzens
Meditative Zugänge in den heiligen Raum
224 Seiten, gebunden, oranges Leseband
€ [D] 19,99 / € [A] 20,60 • ISBN 978-3-95447-343-4

Begib dich in dein Herz. Niemals in der Geschichte der Menschheit war es wichtiger als heute, sich auf die Reise ins Herz einzulassen und aus dem Herzen zu leben. Methoden, die über Jahrtausende hinweg eingesetzt wurden, machen es möglich – auch im emsigen Treiben unserer Zeit und ohne Lehrmeister. Du hast die Macht und die Fähigkeit, überall im Licht deines Herzens zu leben.

Zwei weltweit bekannte Meister der Meditation weisen den Weg.

Gregg Braden
MENSCH:GEMACHT
Von der gelenkten Evolution zur bewussten Transformation
352 Seiten, gebunden, oranges Leseband
€ [D] 24,99 / € [A] 25,70 • ISBN 978-3-95447-337-3

Neueste Forschungen zeigen, dass der Mensch, so wie er heute existiert, vor 200.000 Jahren urplötzlich entstand – aufgrund einer Verschmelzung von Genen, die bewusst herbeigeführt worden sein muss. Und von Anfang an zeichnen wir uns durch enorme Fähigkeiten aus, die uns auf Abruf zur Verfügung stehen. Bradens neues Buch überwindet die Grenzen zwischen Wissenschaft und Spiritualität und stellt sich der zeitlosen Frage: *Wer sind wir?*

DER SPIEGEL-Bestseller.

Klangheilungs-CDs von Michael Reimann

Zirbel Drüsen Aktivierung [Binauraler Beat]
Öffnung des Dritten Auges und Stärkung des Lichtkörpers
79 Min.; € [D/A] 19,95 • ISBN 978-3-95447-220-8

Herzkohärenz aufbauen [432 Hertz]
Mentale Leistungsfähigkeit und körpereigene Regeneration
75 Min.; € [D/A] 19,95 • ISBN 978-3-95447-295-6

DNA-Aktivierung [528 Hertz]
*Heilung der Zellen durch die Liebesfrequenz –
Meditationsanleitung von Jeanne Ruland im Booklet!*
80 Min.; € [D/A] 19,99 • ISBN 978-3-95447-347-2

Bekannt als Multi-Instrumentalist, arbeitete Michael Reimann u.a. mit Joachim-Ernst Berendt und Christian Bollmann zusammen. Studienreisen führten ihn nach Bali, Indien und Japan. Seine Aufnahmen sind reiner musikalischer Klang.

Buchauszüge, Hörproben und Gratis-CD auf www.AmraVerlag.de